過去 現在 未来がわかる

I understand the past, present, and future

ビジネス教養として知っておくべき

カーボンニュートラル

株式会社ニューラルCEO／信州大学特任教授 夫馬賢治 監修

和地慎太郎 著

ソシム

はじめに

「カーボンニュートラル」「脱炭素」「再生可能エネルギー」といった言葉をニュースや職場で見聞きする機会が増えてきました。

一方で、地球温暖化対策に関する情報は、専門用語が多く「よくわからない」と感じたり、関連する情報が多岐にわたるため「何を学べばいいの？」と戸惑うことも多いのではないでしょうか？

昨今の地球温暖化の状況は、世界の平均気温が上昇し、世界各地で異常気象などの気候変動問題が顕在化しています。このまま気温が上昇すれば事態はさらに深刻化することが、最新の気候科学の研究によって明らかにされています。

ここでビジネスパーソンにとって重要なことは、地球温暖化が環境問題だけでなく、経済問題でもあるという視点を持つことです。

すでに欧米を中心に、温室効果ガス（GHG）の排出削減と経済成長を両立するGX（グリーントランスフォーメーション）に向けた大規模な投資競争が激化しており、GXの取り組みの成否が、企業や国家の競争力に直結する時代だといわれています。

こうした背景もあって、現在、企業を中心に「脱炭素スキル」を持つ人材のニーズが急速に高まっています。環境省では「脱炭素アドバイザー資格の認定制度」を設け、企業内外で脱炭素に関する適切な知識を持つ人材の育成に注力しています。

今後、ビジネスパーソンにはカーボンニュートラルに関する幅広い知識を備え、情報を読み解く力が求められてきます。そのためには、土台となる基礎知識、つまり「教養」を身につけることが必要です。

本書は、カーボンニュートラルについて初めて学ぼうとするビジネスパーソンに向けた入門書です。ニュースや新聞でよく見かけるキーワードや今後注目されるテーマを幅広く取り上げ、わかりやすく解説しています。

また、各キーワードやテーマの関連性を掴みやすくし、カーボンニュートラルの全体像が理解できるように構成しています。さらに、短時間で効率的に学べるように、見開き（2ページ）で1項目を扱い、左ページにはポイントがわかるような会話形式の文章を、右ページは視覚的に理解できる図解やイラストを中心に掲載しています。

なお、本書では政府が作成した資料や図を主な情報源としています。各々には出典名を掲載していますので、検索していただき、政府の戦略や計画を読み解くことをおすすめします。読み応えはありますが、国内外の現状や課題、規制や支援策など、日本の方針を理解するのに役立つはずです。

本書は9つの章からなり、第1章と第2章ではカーボンニュートラル全般に関わる基本的な事項として、パリ協定、GX、カーボンプライシングなどについて解説します。第3章から第6章では、「エネルギーの脱炭素化」について取り上げます。再生可能エネルギー、ペロブスカイト太陽電池、洋上風力発電、水素、アンモニア燃料、合成メタン、核融合発電、蓄電池、全固体電池などについて解説します。

第7章、第8章では、「エネルギー以外の脱炭素化」と「炭素除去」について取り上げます。サーキュラーエコノミー、カーボンリサイクル、DACCSといったネガティブエミッションについて解説します。

最終章の第9章では、今後企業に求められることとして、各部門ごとの課題や取り組み、脱炭素経営、GHGプロトコル（スコープ1、2、3）、SBTなどについて解説します。

私が地方公務員として環境部局に在籍していた際は、国が示すさまざまな情報を読み解き、その内容をわかりやすく説明することが求められていました。その経験を活かして執筆した本書が、読者の皆様のカーボンニュートラルへの理解を深める一助となれば幸甚です。

最後になりますが、本書の出版にあたり、ESGやサステナビリティ分野の第一人者である夫馬賢治先生にご監修いただき、心より御礼申し上げます。また、本書の制作にご協力いただいた皆様に深く感謝申し上げます。

和地慎太郎

CONTENTS

第2章 GXとカーボンプライシング 031

第3章 再エネとペロブスカイト太陽電池・洋上風力発電 051

第4章 水素エネルギーとアンモニア燃料と合成メタン

第5章 核融合発電の基礎知識 101

第6章 蓄エネルギーと全固体電池 121

第8章 CO_2 以外の温室効果ガス 167

第9章 これからの世界で企業に求められること 183

本書の登場人物の紹介

夫馬先生

環境課題や社会課題に対応した経営戦略や投資の専門家。本書では和地さん、前田さんの疑問にこたえる。

和地さん

元公務員で環境分野が得意なフリーライター。夫馬先生にカーボンニュートラルの取材を申し込む。

前田さん

製造メーカーの広報部に勤務する和地さんの友人。カーボンニュートラルへの見識を深めるため、取材に同行。

フク郎

環境問題に詳しいフクロウ。普段は森に住み、人間の様子を観察している。

キッコ

環境問題、地球環境に詳しく、人間に知恵を授ける木の精。

第1章

カーボンニュートラルの基本を知ろう

はじめの一歩

カーボンニュートラルとは何か？

まずはカーボンニュートラルについて、おさえておきたいポイントを理解しましょう。

そもそもカーボンニュートラル（CN）とは何か教えてください。

カーボンニュートラルとは、**CO_2**などの**温室効果ガス**の**排出を全体としてゼロにすること**です。

全体としてゼロ？

温室効果ガスの排出量と吸収量を同じにして、**差し引きゼロにすること**です。ちなみにニュートラルとは中立という意味です。

カーボンニュートラルは、環境問題だけでなく、経済活動にも大きな影響があるんですよね？

そうです。カーボンニュートラルを実現するためには、**社会全体を根本的に見直す必要**があります。**企業にとってはリスクでもあり、チャンスでもある**ので、時代の波にうまく乗ることが大切です。

なるほど〜。

CO_2
二酸化炭素のこと。カーボン（C：炭素）を含む化石燃料などを燃焼させることで発生する。一方、植物の光合成などにより吸収される。

温室効果ガス
太陽光の熱を蓄える働きがある気体。CO_2、メタン、一酸化二窒素、フロン類等がある。GHG（Greenhouse Gas）ともいう。

カーボンニュートラルとは？

カーボンニュートラルとは温室効果ガス（GHG）の排出量と吸収量が同じ状態のことを言います。

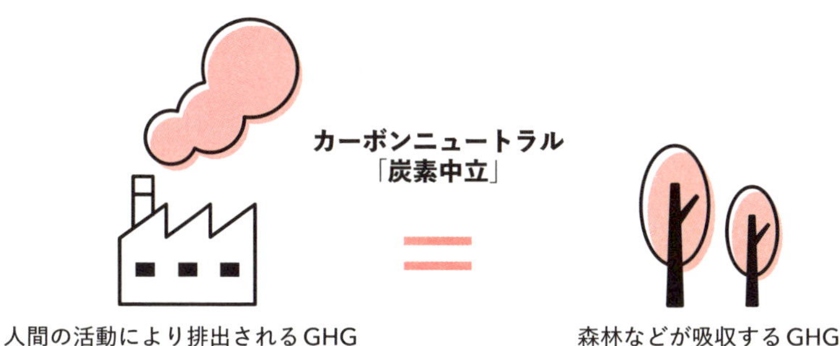

日本の温室効果ガス排出・吸収量の推移

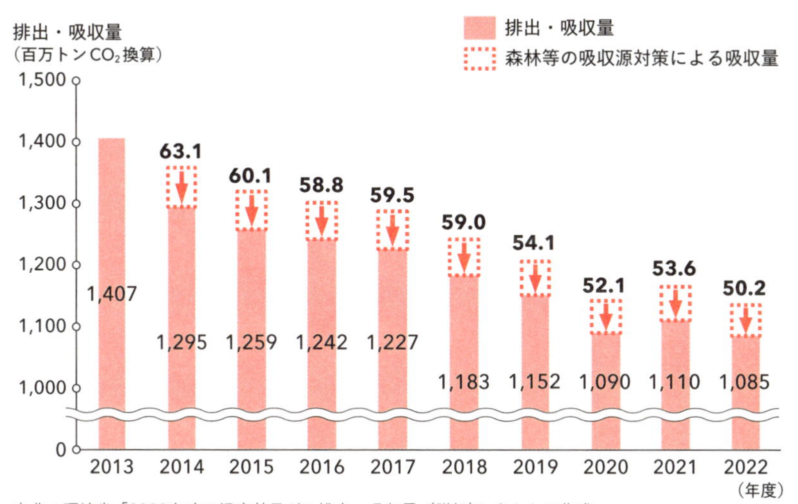

出典：環境省「2022年度の温室効果ガス排出・吸収量（詳細）」をもとに作成

温室効果ガスの排出量は年々減少。ただ、ゼロにするには、これまでの延長線ではなく、社会経済の変革が不可欠といわれています。

きっかけ

カーボンニュートラルとパリ協定

世界各国がカーボンニュートラルを目指すことになった「きっかけ」とは？

カーボンニュートラルの実現を目指すきっかけとなった「**パリ協定**」について、詳しく教えてください。

パリ協定とは、初めて世界全体で温暖化対策を進めることに合意した協定です。それまでは先進国だけに対策が求められていました。

どんな合意だったのでしょうか？

地球の気温上昇を**2度以下に抑えること**、さらに**1.5度以下に抑える努力をすること**を世界共通の目標にしたものです。

その目標達成のためにもカーボンニュートラルを目指す必要があるというわけですね。

そうです。**各国が温室効果ガスの排出削減目標を決め、5年ごとに提出・更新する**ことが**義務**付けられています。

パリ協定
2015年にパリで開催されたCOP21で採択されたもの。途上国を含む196のすべての参加国に、2020年以降の温室効果ガス削減目標を求めた。

義務
パリ協定では、削減目標の達成義務は課されず、目標の提出と5年ごとの更新が義務付けられた。

世界全体での温暖化対策に合意したパリ協定の特徴

POINT①
世界共通の長期目標が掲げられた（2度目標と1.5度の努力目標）。

POINT②
具体的な温室効果ガス削減目標は各国が決め、5年ごとの更新を義務化した（法的拘束力はあるが罰則はなし）。

POINT③
先進国や新興国などから途上国へ資金支援を行う。

POINT④
目標達成のため、国の間で排出量を取引する市場メカニズムの活用が可能。

パリ協定の長期目標

目標①
世界的な平均気温上昇を産業革命以前に比べて2度より十分低く保ち、1.5度に抑える努力をすること。

目標②
できる限り早く温室効果ガス排出量をピークアウトし、21世紀後半には、排出量と吸収量のバランスをとること。

パリ協定後、2021年のCOP26で、1.5度目標への引き上げが決定しています。

パリ協定に対する日本政府の対応

2015年7月
国内の排出削減と吸収を進め、2030年度までに2013年度比で26.0％削減し（2005年度比で25.4％）、約10億4,200万トンのCO_2排出量にすることを「日本の約束草案」として決定。

→

2020年10月
菅総理（当時）は、所信表明演説で2050年カーボンニュートラルを宣言。

→

2021年10月
「2050年カーボンニュートラル」との整合を目指し、2030年度までに温室効果ガスを2013年度から46％削減し、さらに50％削減に挑戦する目標を表明。また、「パリ協定に基づく成長戦略としての長期戦略」を策定し、長期的な温室効果ガス対策の戦略を閣議決定して国連に提出した。

気候変動に関する最大の国際会議

そもそもCOPって？

パリ協定が採択されたCOPとは何か？　知っておきたいポイントを関連キーワードとあわせて解説します。

››› COPとは？

COPとは、Conference of the Partiesの略で「条約を結んだ国々による会議」という意味です。条約を締結した国々が集まって、具体的なルールや目標を決める場がCOPとなります。その中で、パリ協定をはじめとした気候変動に関するCOPは、1992年「地球サミット」（リオデジャネイロ）で採択された「国連気候変動枠組条約」（UNFCCC）に基づくものです。1995年ドイツベルリンのCOP1から始まり、原則毎年1回開催され、2023年にはUAEドバイでCOP28が開催されました。2023年11月現在で198カ国・機関が参加する気候変動に関する最大の国際会議となっています。

››› 京都議定書ってなんだっけ？

よくパリ協定と比較されるのが「京都議定書」です。京都議定書は、1997年のCOP3で採択され、先進国のみが温室効果ガスの削減目標の「達成」が義務付けられたものです。途上国は対象とはならず、排出量の多い中国やインドは含まれませんでした。先進国からは不満の声もあり、当初参加していたアメリカやカナダは、途中で脱退しました。こうした背景の中、京都議定書が発効できたのは、採択された8年後の2005年でした。日本は、2008～2012年の5年間で6%削減（1990年比）という目標を打ち立て、排出量取

	京都議定書	パリ協定
採択年／発効年	1997年／2005年	2015年／2016年
対象国	先進国だけ	参加国すべて
義務	目標の達成	目標の提出 （5年ごとにNDC提出）

※「NDC」とは、「国が決定する貢献（Nationally Determined Contribution）」のことであり、削減目標などが盛り込まれたもの。日本のNDCの内容は環境省のwebサイトで公開されています（https://www.env.go.jp/earth/earth/ondanka/ndc.html）

引など（「京都メカニズム」という）を活用し、目標を達成することができました。京都議定書では2013年から2020年までの第二約束期間も設けましたが（日本はこれには不参加）、2020年以降の新たな目標設定の枠組みとして採択されたのが「パリ協定」です。前述のとおり、パリ協定では、削減目標の達成義務が定められていませんが、参加国すべてが目標を提出する義務が定められました。

これまでのCOPの流れ

1992 地球サミット（リオデジャネイロ）
- 国連気候変動枠組条約（UNFCCC）採択

1995 COP1（ドイツ）

1997 COP3（京都） 日本は6%削減目標
- 京都議定書採択
- 先進国のみ排出量削減義務（罰則あり）
- 途上国（中国、インド含む）は削減義務なし（⇒先進国が不満。途上国と意見対立）
- アメリカ離脱（2001年）

2005 京都議定書発効 日本目標達成
- 第一約束期間（2008～2012）での目標達成義務

2015 COP21（パリ）
- パリ協定採択（京都議定書に代わる枠組み）
- 世界の平均気温上昇を2℃より低く、1.5℃に抑える努力
- 先進国途上国のすべてに排出量削減目標の「提出」義務

2020 日本カーボンニュートラル宣言

2023 COP28（UAE）

このキーワードに注目！

グローバルストックテイク（GST）

パリ協定により掲げた目標の進捗状況を評価するもの。5年ごとにGSTが行われ、この結果をもとに各国はNDCを更新していく。COP28で初めて行われたGSTの評価結果は、「パリ協定の目標達成にはまだ隔たりがある」だった。また各国はNDCの実施報告を2年ごとに提出しなければならず、このサイクルを繰り返すことで目標達成を目指している。

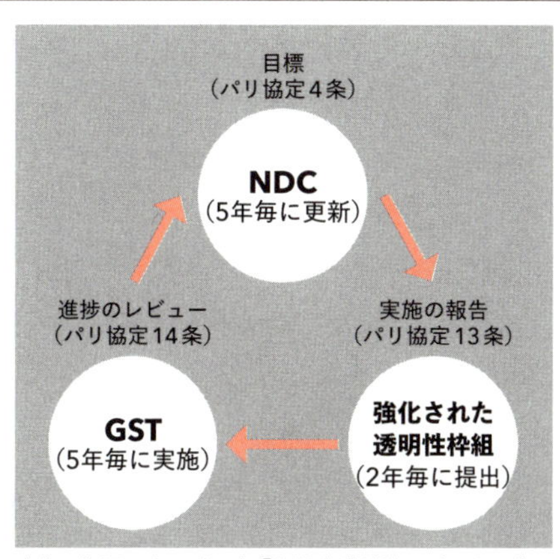

出典：資源エネルギー庁『気候変動対策、どこまで進んでる？初の評価を実施した「COP28」の結果は』をもとに作成

各国の削減目標

カーボンニュートラル達成に向けた世界各国の目標

パリ協定後、各国はカーボンニュートラルの実現を表明しました。各国の削減目標を見てみましょう。

カーボンニュートラルを目指す国はどれくらいあるのでしょうか？

150カ国以上の国が、期限を決めてカーボンニュートラルの実現を表明しています。

期限はいつまでなんですか？

多くの国が2050年までにカーボンニュートラルを実現すると表明しています。同時に2030年までに達成する目標を各国で掲げています。

なるほど。それでは、2030年の目標をみんなが達成できれば、カーボンニュートラルを実現できるわけですね？

実は……、そうともいえないんです。**各国が定めた2030年の削減目標がすべて達成されたとしても、1.5度目標の実現には大きく及ばない**ことがわかりました。この現状を踏まえ、今後、各国では「**2035年目標**」を立てることになります。

150カ国以上
2022年10月時点。これらの国の温室効果ガスの排出量の合計は、世界全体の9割にのぼる。

2035年目標
2023年、GST（→P17）にもとづく「2030年目標」の検証が行われた。この検証を踏まえ、2025年に「2035年目標」が各国で新たに設定される予定。

カーボンニュートラルを表明した国・地域

カーボンニュートラルを表明した国を目標達成年度に応じて色分けすると下の図のようになります（2023年5月時点）。

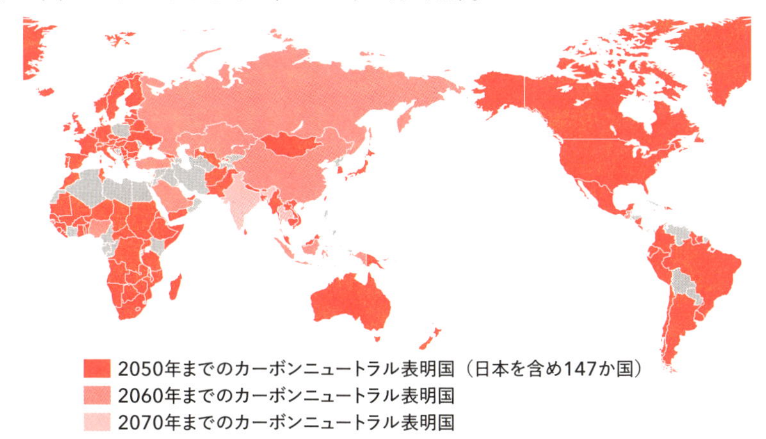

2050年までのカーボンニュートラル表明国（日本を含め147か国）
2060年までのカーボンニュートラル表明国
2070年までのカーボンニュートラル表明国

出典：資源エネルギー庁「2023―日本が抱えているエネルギー問題（前編）」（2024年4月26日）をもとに作成

主要国の温室効果ガス排出量の削減目標

日本をはじめとする各国の2030年の削減目標を示した表です。右端の「2050ネットゼロ」は、2050年までに温室効果ガスの排出量をネットゼロにすることを表明しているかどうかを表し、インドのみ2070年までにネットゼロにすることを目指しています。

国・地域	2030年目標	2050ネットゼロ
日本	－46％（2013年度比） （さらに、50％の高みに向け、挑戦を続けていく）	表明済み
ブラジル	－50％（2005年比）	表明済み
中国	(1) CO_2排出量のピークを2030年より前にすることを目指す (2) GDP当たりCO_2排出量を－65％以上（2005年比）	CO_2排出を2060年までにネットゼロ
EU	－55％以上（1990年比）	表明済み
インド	GDP当たり排出量を－45％（2005年比）	2070年ネットゼロ
韓国	－40％（2018年比）	表明済み
英国	－68％（1990年比）	表明済み
米国	－50～－52％（2005年比）	表明済み

出典：外務省「各国の2030年目標」資料を参考に作成

巨大な市場規模

カーボンニュートラルに関連する市場

カーボンニュートラルの市場規模は拡大し続けています。市場規模の推移と今後の予測を見てみましょう。

カーボンニュートラルの対策について、「経済成長の制約やコスト」と考えるのではなく、「**成長の機会**」と捉える機運が高まっています。関連する地球温暖化対策分野の市場の動向はどうでしょうか？

環境省の推計では、関連産業の**市場規模は37兆円**と言われています。今後はさらに増加し続けることが予想されます。

そんなに巨大な市場なんですね！

そうですね。ちなみに、この推計は既存産業のみを対象としたものなので、**新産業を含めれば、もっと市場規模が大きくなる**と考えられます。

カーボンニュートラルを通じて技術革新が進めば、新しい産業が増える可能性も十分期待できますね。

はい。さらに**政府からの支援**も大規模です。企業は新しい取り組みで事業成長できるかが勝負となりそうです。

環境省の推計
環境省が毎年公表する「環境産業の市場規模・雇用規模等に関する報告書」に掲載される。なお、「環境産業」とは環境負荷を低減させ、資源循環による持続可能な社会を実現させる製品・サービスを提供する産業のことを指し、①環境汚染防止、②地球温暖化対策、③廃棄物処理・資源有効利用、④自然環境保全に分けられる。

政府からの支援
一例として、経済産業省管轄のグリーンイノベーション基金は2兆円。野心的なイノベーションに挑戦する企業を支援するもの。

地球温暖化対策分野の市場規模の推移

国内の関連産業の市場規模は37兆円で、2050年にはさらに増加することが予想されています。

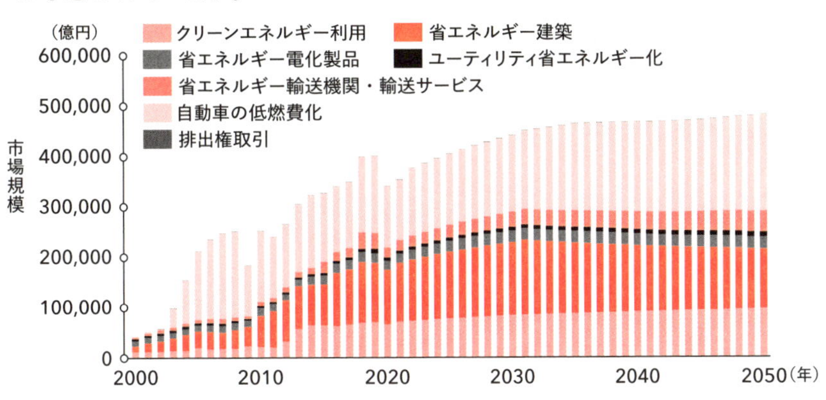

出典：環境省「環境産業の市場規模・雇用規模等の推計結果の概要について（2022年版）」をもとに作成

「地球温暖化対策分野」とは、「クリーンエネルギー」「省エネ」「自動車の低燃費化」「排出権取引」などのことを指します。

ポイント!

地球温暖化対策分野の市場規模について

- 地球温暖化対策分野の産業の市場規模は37兆3,429億円（2022年時点）。
- 同分野の市場規模は今後も増加し続け、2050年には約48.7兆円になる見込み。
- 上の推計は「既存産業」のみを対象としたもの。新産業の創出を加えるとさらに増加する見込みである。
- 本分野のほか廃棄物処理・資源有効利用分野などを含めた国内環境産業全体の市場規模は約119兆円（2022年）であり、2050年には136兆円まで成長することが予想されている。

これだけ市場規模の伸びがあるなら企業も無視できませんね。

多くの企業が温暖化対策分野に注目しています。具体的な取り組みは後の章で紹介します。

課題

カーボンニュートラル実現に向けた課題

カーボンニュートラルを実現するために乗り越えなければならない課題を理解しましょう。

カーボンニュートラル実現に向けて温室効果ガスを減らしていくには、どんな課題があるのでしょうか？

まずは**省エネを前提**としつつ、エネルギーの脱炭素化を中心に進めなければなりません。

エネルギーの脱炭素化とはどういうものですか？

電気や熱などのエネルギーを得るために、**石炭や石油などの化石燃料を使わない**ことです。**再エネ**の利用、電気自動車への切り替え、水素や**バイオマス**といったクリーンな燃料を使用するなどです。

今まで当たり前のように使っていた化石燃料由来の電気や燃料を脱炭素化していく必要があるわけですね。

はい。企業にとっては、脱炭素を経営上の重要な課題として捉え、今までのビジネスモデルを変える必要もあるでしょう。

再エネ
再生可能エネルギーのこと。太陽光、風力、地熱、水力など自然界に存在するエネルギーを利用する。利用しても再生可能で、温室効果ガスを排出しない。

バイオマス
生物から生まれた資源のこと。森林の間伐材、家畜の排泄物、食品廃棄物など。燃焼によりCO_2が発生するが、生物の成長過程でCO_2を吸収することから、カーボンニュートラルといわれる。

カーボンニュートラル実現の主な課題

1. 省エネルギーの徹底

エネルギーの消費量を減らすことが基本。節電や省エネ製品の使用が重要になる。

2. エネルギーの脱炭素化

温室効果ガス排出源の8割以上はエネルギー起源。電力、運輸・産業・民生などで使用する熱や燃料を脱炭素化する必要がある。

3. 非エネルギーの脱炭素化

鉄鋼やセメントなどの製造工程、廃棄物処理では、多量のCO_2が発生する。工業プロセスの転換や資源循環が必要。

4. CO_2除去・他の温室効果ガス削減

1〜3が難しい場合はCO_2除去・吸収させる。さらにメタンや代替フロン（HFCs）などCO_2以外の温室効果ガスも無視できない。

日本の温室効果ガス排出量と目標

日本は2018年には12.4億トンの温室効果ガスを排出していますが、これを2050年には全体としてゼロにしようとしています。

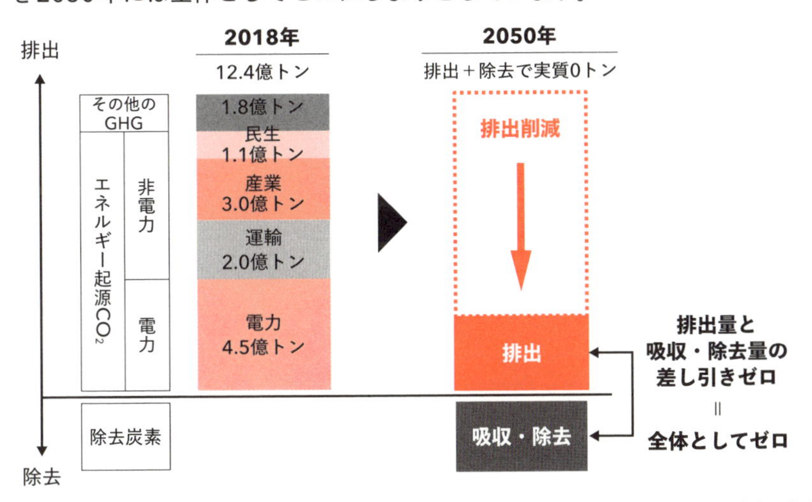

出典：資源エネルギー庁『「カーボンニュートラル」って何ですか？（前編）〜いつ、誰が実現するの？』を参考に作成

この目標を実現するためには、課題の克服が不可欠です。

諸外国の動向

カーボンニュートラルの主要国の政策

カーボンニュートラルに向けた動きは、世界的に加速しています。主要国の取り組みを覚えましょう。

カーボンニュートラルに向けた主要国の動向について教えてください。

各国でカーボンニュートラルに関する政策はさまざまですが、**取り組む方向性はほぼ一致**しています。

具体的には、どんな取り組みですか？

エネルギーの脱炭素化のため、再エネの導入拡大、**電化**や**水素化**、CO_2の除去技術の活用などがあります。また、**革新的なイノベーションが不可欠ということも世界共通の認識**です。

なるほど。

国によってエネルギーの情勢や産業構造が異なるので、どこに重点を置くかが鍵になりますね。

そうですね。今後も各国で必要な部分に政策が講じられていくでしょう。

電化
動力源や熱源などに電力を利用すること。例えば、冷暖房、給湯、自動車などに使用する燃料を電気に置き換えるなどが挙げられる。

水素化
エネルギーとして水素を利用すること。水素は、さまざまな資源から製造可能で、燃焼させてもCO_2が発生しないといったメリットがある。

主要国の主な政策

国名（CN目標年限）	主な政策
アメリカ（2050年）	インフレ削減法（抑制法）、インフラ投資雇用法
EU（2050年）	欧州グリーン・ディール、REPowerEU、ネットゼロ産業法、Fit for 55
イギリス（2050年）	エネルギー安全保障戦略、グリーンファイナンス戦略2030、Powering Up Britain
中国（2060年）	第14次5か年計画、水素エネルギー産業発展計画
韓国（2050年）	カーボンニュートラル・グリーン成長推進戦略
インド（2070年）	国家水素ミッション、国家電力計画NEP2023
ブラジル（2050年）	国家エネルギー計画2050（PNE2050）

これらの政策はあくまで一例です。国によって内容はさまざまですが、取り組む政策の方向性は一致しています。

多くの国に共通していること

それぞれの国が自国の経済、産業、エネルギーの構造にあった政策を立てますが、多くの国が共通して目指す事柄もあります。

- 共通点① 再エネの導入拡大
- 共通点② 電化の推進
- 共通点③ 水素・アンモニアの活用
- 共通点④ CO_2の除去技術の活用
- 共通点⑤ 革新的イノベーションの実現
- 共通点⑥ 自ら掲げたNDC目標の達成

日本の政策

脱炭素化と経済成長に挑む日本のグリーン成長戦略

「経済と環境の好循環」でカーボンニュートラル実現を目指す日本のグリーン成長戦略とは？

日本のカーボンニュートラルの政策はどうなっているのでしょうか？

2050年のカーボンニュートラル実現に向けた産業政策として「**グリーン成長戦略**」があります。

具体的にはどんな戦略ですか？

今後成長が期待される産業分野について、課題や今後の方針など、「将来の絵姿」がまとめられています。また技術開発や設備投資などへの**予算**や税制措置、規制改革といった支援策も盛り込まれています。

各産業で求められる技術や今後の目標を示すことで、**企業のイノベーションを後押しする狙い**ですね。

なるほど。自社や取引先の産業が将来どこに向かっていくのか、理解しておく必要がありますね。

グリーン成長戦略
経済産業省が中心となり、2020年12月、2021年6月に策定された産業政策。

予算
「グリーンイノベーション基金」として、カーボンニュートラルに関連する革新的技術の研究開発から社会実装までを支援するために創設された基金。

成長が期待される産業分野

グリーン成長戦略では、産業政策とエネルギー政策の両面から、成長が期待される分野の実行計画を策定。国が高い目標を掲げるとともに、具体的な見通しが示されています。

エネルギー関連産業（4分野）

カーボンニュートラル実現には、電力の脱炭素化が大前提。ただ、単一種類の電源で需要を賄うことは困難。そのため、あらゆる選択肢を追求するとともに、再エネや水素などによる発電を成長分野にしている。

輸送・製造関連産業（7分野）

これらの分野では主に電化を進めることが重要。自動車では2035年までに新車販売を100%電気自動車にすることが目標。熱需要では、化石燃料ではなく水素やアンモニア、合成メタンなどで対応する。さらに排出されたCO_2は回収し、リサイクルを目指すとされている。

家庭・オフィス関連産業（3分野）

住宅やビルは省エネやゼロエネルギー化を実現し、光熱費を大幅に低減すること。資源循環としてバイオプラスチックの導入やリユース・リサイクル市場を拡大させる。ライフスタイル関連はビッグデータやAIの活用により、地域の脱炭素化を目指す。

企業を後押しする8つの政策ツール

 **予算（グリーンイノベーション基金）**

 **税制**

 **金融**

 **規制改革・標準化**

 **国際連携**

 **大学における取組の推進等**

 **2025年日本国際博覧会**

 **グリーン成長に関する若手ワーキンググループ**

経済産業省「グリーン成長戦略」掲載場所

https://www.meti.go.jp/policy/energy_environment/global_warming/ggs/index.html

詳細はグリーン成長戦略に記載されているので、ぜひ見てみてください！

グリーン成長戦略の詳細

成長が期待される14の重点分野

重点分野について見ていきましょう。特に自社や取引先の産業は要チェックです！

››› グリーン成長戦略の14の重点分野とは？

産業政策とエネルギー政策の両面で2050年に向けて成長が期待され、国際的な競争力を強化できる分野が選定されました。大きく「エネルギー関連産業」「輸送・製造関連産業」「家庭・オフィス関連産業」に分けられます。

14の重点分野と今後の主な取り組み

エネルギー関連産業

1  **洋上風力・太陽光・地熱**

- 2040年、3,000〜4,500万kWの案件形成【洋上風力】
- 2030年、次世代型で14円/kWhを視野【太陽光】

2  **水素・燃料アンモニア**

- 2050年、2,000万トン程度の導入【水素】
- 東南アジアの5,000億円市場【燃料アンモニア】

3  **次世代熱エネルギー**

- 2050年、既存インフラに合成メタンを90%注入

4  **原子力**

- 2030年、高温ガス炉のカーボンフリー水素製造技術を確立

輸送・製造関連産業

5  **自動車・蓄電池**

- 2035年、乗用車の新車販売で電動車100%

6  **半導体・情報通信**

- 2040年、半導体・情報通信産業のカーボンニュートラル化

7

船舶

- 2028年よりも前倒しでゼロエミッション船の商業運航実現

8

物流・人流・土木インフラ

- 2050年、カーボンニュートラルポートによる港湾や、建設施工等における脱炭素化を実現

9

食料・農林水産業

- 2050年、農林水産業におけるCO_2ゼロエミッション化を実現

10

航空機

- 2030年以降、電池などのコア技術を、段階的に技術搭載

11

カーボンリサイクル・マテリアル

- 2050年、人工光合成プラを既製品並み【CR】
- ゼロカーボンスチールを実現【マテリアル】

12

住宅・建築物・次世代電力マネジメント

- 2030年、新築住宅・建築物の平均でZEH・ZEB【住宅・建築物】

13

資源循環関連

- 2030年、バイオマスプラスチックを約200万トン導入

14

ライフスタイル関連

- 2050年、カーボンニュートラル、かつレジリエントで快適なくらし

家庭・オフィス関連産業

出典：経済産業省「グリーン成長戦略」（広報資料）をもとに作成

グリーン成長戦略で見込まれる経済効果と雇用効果は、2030年で約140兆円、約870万人。2050年で約290兆円、約1,800万人となっています。

新しい製品やサービスで成長が期待される一方、縮小・廃止される産業もあります。今後、政府は人材育成に取り組む事業者やスキルアップに取り組む労働者への支援策も講じていくとのことです。

COLUMN

「サステナビリティ」「SDGs」「ESG」「CSR」は何が違うの？

最近、よく聞くようになった4つの単語。ビジネスシーンでも頻繁に使われるので、ここでしっかり違いを理解しておきましょう。

サステナビリティ

「持続可能性」という意味。長期的な視点で環境・社会・経済の観点から世の中を持続可能にしていくという概念。特にグローバル展開する企業で多く使用されます。

SDGs

2015年に国連で採択された「持続可能な開発目標」。2030年までに達成すべき世界共通の目標で、企業や国などすべての人々が対象。サステナビリティと同様に持続可能な未来を目指すものですが、期限がある点が異なります。

ESG

Environment（環境）・Social（社会）・Governance（企業統治）の略。ESGを重視した企業は企業価値が高まり、持続的に成長する展望があると考えられています。投資や融資を望む企業であれば、ESGの観点は外せません。

CSR

「企業の社会的責任」。収益を追求しない社会貢献活動と認識され、昔は環境保全活動や寄付などが主流でした。近年、気候変動対策が経営上の重要課題と認識されつつあり、CSRは全社を挙げて取り組むものとされています。

この4つの言葉に代表されるように、環境への観点や配慮は今後、ビジネスパーソンにも企業にも欠かせません。

第2章

GXとカーボンプライシング

GXとは？

GXってなんだろう?

カーボンニュートラルの実現に必要なGXとは？　GXが注目されている理由とともに解説します。

最近、**GX**という言葉を見かけるようになりましたが、どんな意味でしょうか。

GXとは「グリーントランスフォーメーション」のことです。これまでの**化石エネルギー**中心の社会から、CO_2を排出しない**クリーンエネルギー中心の社会に転換すること**を意味します。

つまり、GXの実現がカーボンニュートラルの実現にも結びつくと考えられているという訳ですね。

そうです。さらにGXによって**国家や企業間の産業競争力を高めていく**狙いもあります。カーボンニュートラル実現に向けた世界的な潮流の中で、その取り組みやルールづくりの主導権を握ろうと、各国がしのぎを削っています。日本企業は優れた技術を多く持っているので、ビジネスシーンでも優位に立ちたいところです。

各国で協力しながらも、競争が巻き起こっているわけですね。

GX
Green Transformation（グリーントランスフォーメーション）の略。トランスフォーメーションとは「変革」を意味する言葉。

化石エネルギー
石炭や石油、天然ガスといった化石燃料の燃焼によって得られるエネルギーをいう。CO_2の根源。

GXのイメージ

化石エネルギー中心の産業・社会　→　**クリーンエネルギー中心の産業・社会**

クリーンエネルギー中心の日本の姿

GXの推進によって、エネルギーの安定供給・経済成長・脱炭素を同時に達成することを目指しています。

クリーンエネルギー中心の日本

- GXに向けた大規模な投資競争が世界規模で発生。
- **日本が強みを有するGX関連技術を活用**し、**経済成長**を実現。

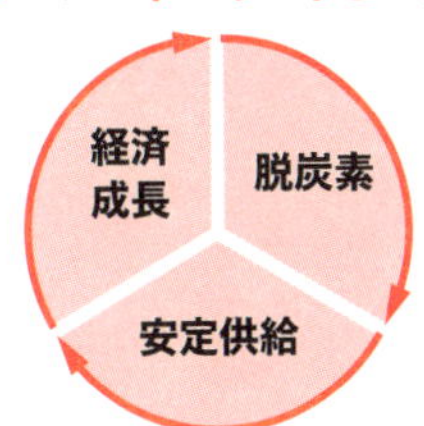

- 世界で脱炭素化に向けた潮流が加速。
- GXにより、**2030年温室効果ガス46%削減、2050年カーボンニュートラルの国際公約**を実現。

- ロシアによるウクライナ侵略等の影響により、世界各国でエネルギー価格を中心にインフレーションが発生。
- **化石燃料への過度な依存から脱却**し、**危機にも強いエネルギー需給構造**を構築。

出典：経済産業省 関東経済産業局「カーボンニュートラルと地域企業の対応〈事業環境の変化と取組の方向性〉」（令和6年5月）をもとに作成

ポイント！

カーボンニュートラルの実現に向けて必要なこと

- ☑ 2050年カーボンニュートラル実現には、社会変革が必須。
- ☑ カーボンニュートラルを経済成長につなげ、産業競争力を高めていく必要がある。
- ☑ 環境対応の成否が、企業・国家の競争力に直結する時代に突入している。
- ☑ EUがカーボンニュートラルの取り組みやルールづくりをリード。世界各国がその主導権を握ろうと競い合っている。
- ☑ 日本企業はカーボンニュートラルの技術や環境への投資は世界有数。国外にも貢献できる可能性があるが、GXのルールや仕組み、技術発信を積極的に提案していくことが重要（技術だけでなくビジネスでも勝つ）。

政府の動き

GX推進に向けた日本政府の取り組み

GX推進のため、政府はどのような取り組みを進めているのか理解しましょう。

GXを実現するため、日本政府はどのような取り組みを進めているのでしょう？

グリーン成長戦略を策定後、2022年からGX実現に向けた検討をはじめ、翌年には「**GX実現に向けた基本方針**」を定めました。その後、**関連2法**を成立させ「**GX推進戦略**」を策定するなど、本格的なGX推進のための取り組みを進めています。

2022年といえばロシアによるウクライナ侵略などの影響で、世界のエネルギー情勢が一変した時でもありましたね。

そうですね。エネルギー資源の乏しい日本では、脱炭素社会の実現とともに、エネルギーの安定供給の確保の重要性が改めて認識されました。GXには**クリーンエネルギーによるエネルギーの安定供給の仕組みを構築する狙い**もあるのです。

確かに気候変動も怖いですが、エネルギーが不安定だと日々の生活に大きな影響を与えますね。

GX実現に向けた基本方針
2022年7月から岸田総理を議長とするGX実行会議が開催され、その年末に基本方針がとりまとめられた。その後、2023年2月に閣議決定された。

関連2法
「GX推進法」と「GX脱炭素電源法」のこと。これらの法律によって新たな施策が具体化された。

GX推進戦略
2023年7月に閣議決定。正式名称は「脱炭素成長型経済構造移行推進戦略」。内容は基本方針と同じで、今後10年を見据えた政策方針がまとめられた(→P38)。

GX実現に向けた政府の取り組み

2020年10月にカーボンニュートラルを表明して以降の日本政府の動きをまとめました。実現に向けてハイペースで動いていることがわかります。

- 2050年カーボンニュートラルの表明（2020年10月26日）
- ✔ **グリーン成長戦略の策定（12月25日関係省庁と連携し、経済産業省とりまとめ）**
  - ▶ 2050年CNに向け、将来のエネルギー・環境の革新技術（14分野）について社会実装を見据えた技術戦略+産業戦略

2021年

- 2030年度の温室効果ガス排出量46%削減目標の表明（4月22日）
- ✔ **第6次エネルギー基本計画の策定（10月22日閣議決定）**
- ✔ **地球温暖化対策計画（10月22日閣議決定）**
- ✔ **長期戦略（10月22日閣議決定）**
  - ▶ パリ協定の規定に基づく長期低排出発展戦略として、2050年CNに向けた分野別長期的ビジョンを提示

2022年

- ✔ **「クリーンエネルギー戦略中間整理」とりまとめ（5月19日）**
- ✔ **「GX実行会議」の設置（7月）**

2023年

- ✔ **GX実現に向けた基本方針（2月10日閣議決定）**
  - ▶ 今後10年を見据えた取組の方針（ロードマップ）をとりまとめ
- ✔ **「GX推進法」（5月12日）・「GX脱炭素電源法」（5月31日）の成立**
  - ▶ GX推進戦略の策定・実行、GX経済移行債の発行、成長志向型カーボンプライシング構想の実行
GX推進機構の成立、進捗評価と必要な見直し
  - ▶ 地域と共生した再エネの最大限の導入促進、安全確保を大前提とした原子力の活用等
- ✔ **GX推進戦略（7月28日閣議決定）**
  - ▶ GX推進法に基づき、気候変動対策の国際公約及び我が国の産業競争力強化・経済成長の実現に向けた取組等をとりまとめる

出典：経済産業省 関東経済産業局「カーボンニュートラルと地域企業の対応」をもとに作成

GX推進戦略は、「第6次エネルギー基本計画」「地球温暖化対策計画」「パリ協定に基く成長戦略としての長期戦略」など各種計画や戦略を踏まえたものになっています。

「GX推進戦略（脱炭素成長型経済構造移行推進戦略）」の詳細は以下の資料で確認できますよ。
https://www.meti.go.jp/press/2023/07/20230728002/20230728002-1.pdf

基本方針

GX実現に向けた基本方針

政府のGX実現に向けた基本方針について、具体的な内容を解説します。

政府が策定した「GX推進戦略」には具体的に何が書かれているのでしょうか。

1つは**エネルギー政策**です。再エネの主力電源化や水素・アンモニアの導入促進など、**エネルギーの脱炭素化と安定供給のための施策**がまとめられています。

なるほど。GXはクリーンエネルギーへの転換が目的なので、再エネの主力電源化は当然ですよね。

2つ目は**GXを進める方法**です。「**成長志向型カーボンプライシング構想**」として、**経済成長と脱炭素のための投資促進策**が盛り込まれています。

投資促進策とはどんなものでしょうか？

GX実現には大規模な投資が必要です。「**GX経済移行債**」として国債を発行したり、CO_2の排出に価格を付ける**カーボンプライシング**（CP）に関する施策です。

成長志向型カーボンプライシング構想
GX推進戦略で打ち出された政策の1つ。国債、排出量取引、炭素賦課金制度導入など、規制と支援を一体化した投資促進策により経済成長につなげる仕組み。

GX経済移行債
大規模なGX投資を官民協調で実現するための国債。国が先行投資支援を実行し、民間投資を引き出すことが狙い。

カーボンプライシング
CO_2の排出に価格付けを行うことで、排出者の行動を変化させようとする仕組み(→P44)。

2つの柱で推進！ GX実現に向けた基本方針

1つ目の柱！

エネルギー安定供給の確保を大前提としたGXの取組（エネルギー政策）

①徹底した省エネの推進
②再エネの主力電源化
③原子力の活用
④その他の重要事項（水素など）

2つ目の柱！

「成長志向型カーボンプライシング構想」等の実現・実行（GXを進める方法）

①GX経済移行債を活用した先行投資支援
②成長志向型カーボンプライシングによるGX投資インセンティブ
- 排出量取引制度の本格稼働（2026年度～）
- 発電事業者に有償オークション導入（2033年度～）
- 炭素に対する賦課金制度の導入（2028年度～）

③新たな金融手法の活用
④国際展開戦略・公正な移行・中小企業等のGX

出典：経済産業省「脱炭素成長型経済構造移行推進戦略【GX推進戦略】の概要」をもとに作成

2つの柱の内容はどれも大切なことばかりですね！

ポイント！

2026年度から本格稼働する排出量取引制度「GX-ETS」

企業が自主的に参加するGXリーグ（→P42）で、2023年4月から試行的に開始され、2026年度から本格稼働する「排出量取引制度」（GX-ETS）の要点を以下にまとめました。

- ☑「排出量取引」とは、各企業の排出実態に応じて、目標以上に削減を達成した企業が目標達成できずに排出した企業と、排出量を取引できる制度（→P46）。
- ☑ GX-ETSの参画企業は、2030年の排出量削減目標を自主的に掲げ、その達成に向けて、毎年の取組状況を報告し、中間評価を行う。
- ☑ 目標を超過または不足した排出量については、「カーボン・クレジット市場」（東京証券取引所に創設）を通じてクレジット取引が可能（→P43）。
- ☑ 企業は削減目標を開示し、市場を活用することで、効果的に排出削減を進めることが期待される。
- ☑ 一方、市場価格の変動で取引価格の予見が難しいため、国は諸外国の事例を参考に、上限、下限価格を示して予見可能性を高める見通し。

今後10年でどうなる？

GX推進のロードマップ

GX推進戦略には、今後10年間を見据えたロードマップが示されています。

››› 今後10年間を見据えたロードマップの全体像

2023　2024　2025 ▶ 2026　2027　2028　2029　2030 ▶ 2030年代 ▶▶ 2050

規制・支援一体型投資促進策

- **支援**
  - 官民投資の呼び水となる政府による規制・支援一体型投資促進策（例. 長期・複数年度、「産業競争力強化・経済成長」×「排出削減」を実現する分野を対象など）
  - 技術を中心に、より先行して投資する事業者を支援
  - 新技術の商用化・立ち上げ支援
- **規制・制度**
  - 規制の強化、諸制度の整備などによる脱炭素化・新産業の需要創出（例. 省エネ法、高度化法、建築物省エネ法などにおける基準強化や対象範囲の拡大、公共調達の導入など）
  - 技術フェーズなどを踏まえた、段階的な規制強化など
- **GX経済移行債**
  - 「GX経済移行債」の発行

カーボンプライシングによるGX投資先行インセンティブ

- **GX-ETS**
  - 試行（2023年度〜）既に日本のCO_2排出量の4割以上を占める企業が賛同
  - 排出量取引市場の本格稼働（2026年度〜）
    - 更なる参加率向上に向けた方策の実行
    - 政府指針を踏まえた目標、民間第三者認証の要件化
    - 規律強化（指導監督、遵守義務等）
  - 更なる発展
    - 2033年度から、段階的な有償化（有償オークション）
- **炭素に対する賦課金**
  - 炭素に対する賦課金（2028年度〜）
    - 化石燃料輸入者等を対象とした「炭素に対する賦課金」制度の導入

新たな金融手法の活用

- **国内**
  - ブレンデッドファイナンスの手法開発・確立
  - ブレンデッド・ファイナンスの確立・実施
- **国内外**
  - グリーン、トランジション・ファイナンス等の環境整備・国際発信
  - サステナブルファイナンスの市場環境整備等
  - 産業のトランジションやイノベーションに対する公的資金と民間金融の組み合わせによる、リスクマネーの供給強化

国際展開戦略

- **アジア**
  - AZEC構想の実現による、現実的なエネルギートランジションの後押し（例. AETIの加速的展開、JCMの推進、各国とのエネルギー協力（二国間・多国間協力等））
  - AZEC閣僚会合を開催
  - AZEC閣僚会合を継続（技術面、資金面、人材面等での手厚い支援と政策協調で、市場拡大による新技術拡大・コスト低減を図る）
  - ▲ G7（日本開催）
  - 現実的なトランジションの取組をグローバルに拡大
- **グローバル**
  - クリーン市場の形成、イノベーション協力の主導（例. グリーン製品の国際的な評価手法等の確立、企業の削減貢献を評価する新たな価値軸の構築など）
  - G7をはじめとする国際枠組みを活用しグローバルなルールメイキングを主導、それにより日本技術を普及拡大

今後10年間で150兆円超の官民投資

出典：内閣官房「GX実現に向けた基本方針　参考資料」をもとに作成

左ページで紹介したロードマップは、GX 基本方針とあわせ、国が長期にわたる規制・制度的措置の見通しを示したものであり、企業の予見可能性を高めることで、大規模な脱炭素投資を実現しようとするものです。

また GX 投資が期待される鉄鋼や化学、自動車、半導体などの 16 分野では「分野別投資戦略」がまとめられています。官民によって、国内に GX 市場を確立し、サプライチェーンを GX 型に革新することを目指しています。

分野別投資戦略と、GX型サプライチェーンの関係

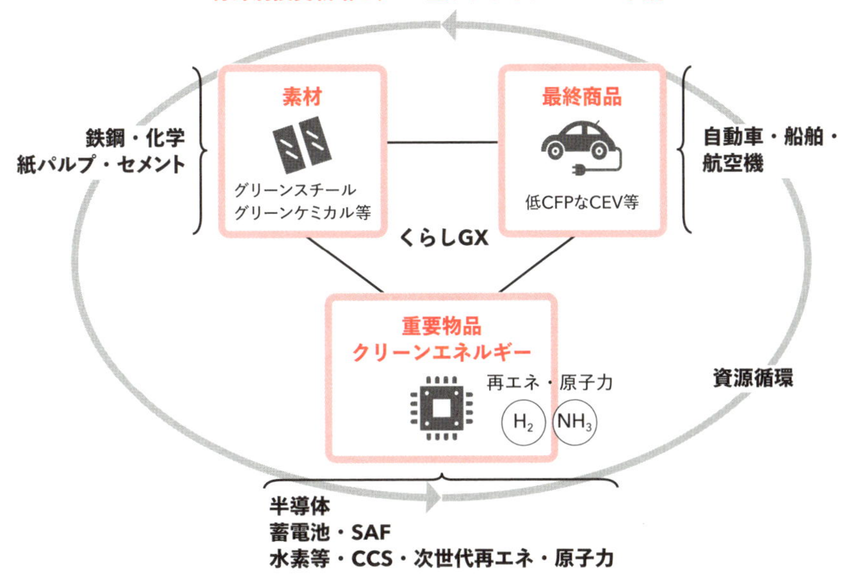

出典：内閣官房「分野別投資戦略」をもとに作成

GX 型サプライチェーンはサプライチェーン全体での排出削減、脱炭素化や産業競争力強化、経済成長を実現させようという取り組みです。

GX 投資が期待される 16 分野は、鉄鋼、化学、紙パルプ、セメント、自動車、蓄電池、航空機、SAF、船舶、くらし、資源循環、半導体、水素等、次世代再エネ（ペロブスカイト太陽電池、浮体式等洋上風力）、原子力、CCS です。

GXと投資

GXを実現する官民の投資イメージ

GX実現には官民の大規模な投資が必要です。その投資規模や仕組みを見てみましょう。

政府は、成長志向型カーボンプライシング構想の中で、国と企業の協力によってGXへの投資を促進させようとしていますが、どれくらいの規模を見込んでいるのでしょうか？

国債の１つとして発行するGX経済移行債により、政府は今後10年間で**20兆円規模**の支援を行います。**国が革新的な技術開発や設備などに先行投資支援することで、民間企業からの投資を引き出そうとするもの**です。

まずは国が先行して投資を行うのですね。企業からの投資はどの程度になりそうでしょうか？

官民の投資額全体で150兆円超です。先行してGXに取り組む企業にインセンティブを与える**仕組み**をつくり、大規模なGX投資を実現させようとしています。

150兆円！　社会を変革していくには、相当な投資が必要になるんですね。

20兆円規模
現時点で想定される投資や事業の見通しに基づき、企業規模を問わず、投資を実施。これにより調達した資金はGXに向けた投資促進のために支出する。

仕組み
具体的なカーボンプライシングとしては、炭素税や排出量取引制度などがある。

カーボンニュートラル達成のための投資額

世界規模のGX投資競争が予想される中、日本政府は今後10年間で20兆円、官民を合わせて150兆円超の投資を目指しています。

今後10年間の政府支援額イメージ 約20兆円規模			規制等と一体的に引き出す	今後10年間の官民投資額全体 150兆円超	
非化石エネルギーの推進	約6〜8兆円	イメージ 水素・アンモニアの需要拡大支援再エネなど新技術の研究開発 など	→	約60兆円〜	再生可能エネルギーの大量導入 原子力（革新炉等の研究開発） 水素・アンモニア など
需給一体での産業構造転換・抜本的な省エネの推進	約9〜12兆円	イメージ 製造業の構造改革・収益性向上を実現する省エネ・原／燃料転換 抜本的な省エネを実現する全国規模の国内需要対策新技術の研究開発 など	→	約80兆円〜	製造業の省エネ・燃料転換（例. 鉄鋼・化学・セメント・紙・自動車） 脱炭素目的のデジタル投資 蓄電池産業の確立 船舶・航空機産業の構造転換 次世代自動車 住宅・建築物 など
資源循環・炭素固定技術など	約2〜4兆円	イメージ 新技術の研究開発・社会実装 など	→	約10兆円〜	資源循環産業 バイオものづくり CCS など

出典：資源エネルギー庁「今後のエネルギー政策について」をもとに作成

GXの投資促進のイメージ

「排出量取引」の本格稼働に加え、発電事業者に「有償オークション」、石油や石炭などの化石燃料の輸入事業者に「賦課金」を段階的に導入することで投資の促進と脱炭素化を狙います。

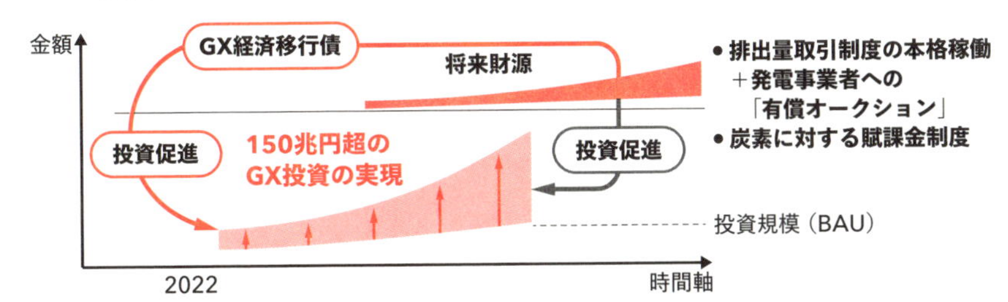

出典：資源エネルギー庁『「GX実現」に向けた日本のエネルギー政策（後編）　脱炭素も経済成長も実現する方策とは』をもとに作成

期間を設けた上で、カーボンプライシングを低い負担から導入し、徐々に引き上げていくことで、GX投資の前倒しを促進することが期待されています。

GXリーグ

GXリーグと参加企業の取り組み

GXを実現するには企業の力が不可欠。その企業を後押しするのがGXリーグです。

>>> GXリーグとは?

GXリーグは、カーボンニュートラルへの移行に向けた挑戦を果敢に行い、国際ビジネスで勝てる企業群が、GXをけん引する枠組みです。2022年2月に経済産業省が「GXリーグ基本構想」を公表し、2023年度からGXリーグの取り組みが始まりました。

>>> GXリーグが目指す世界観

GXリーグが目指す世界観は、GXに取り組む企業群と官・学が連携しなが

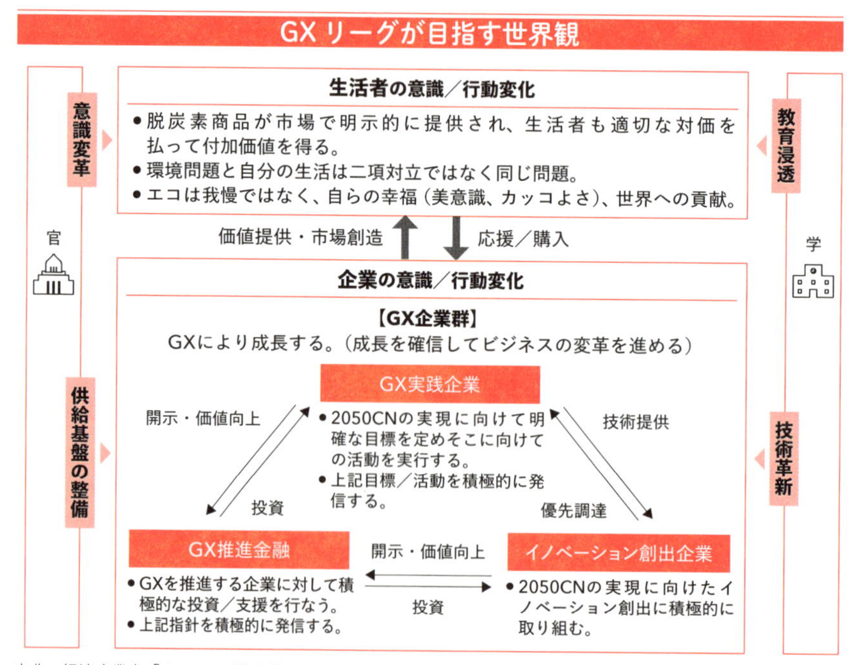

出典:経済産業省「GXリーグ基本構想」をもとに作成

ら、市場ルールの形成、情報資源、人的ネットワーク、社会機運を創出・整備していくというものです。

››› GXリーグの参画企業

GX リーグには 2024 年 3 月時点で、製造業や運輸業、電気ガスなど幅広い業種から、747 の企業が参画しています。日本の温室効果ガス排出量の 5 割超をカバーする規模で、ますますの広がりも期待されています。参画企業は、以下の 4 つの場を活用できるメリットが期待できます。特に 2026 年度の本格稼働に向けて注目を集める「排出量取引」(GX-ETS) は、設定した目標以上に排出量を削減した場合は、「超過削減枠」として「カーボン・クレジット市場」で売却することができます。

①自主的な排出量取引（GX-ETS）
②市場ルール形成（官民で行うワーキンググループ）
③ビジネス機会創発（スタートアップ連携等）
④企業間交流の促進（GX スタジオ／GX サロン）

GX-ETSにおけるGXリーグとカーボン・クレジット市場の関係

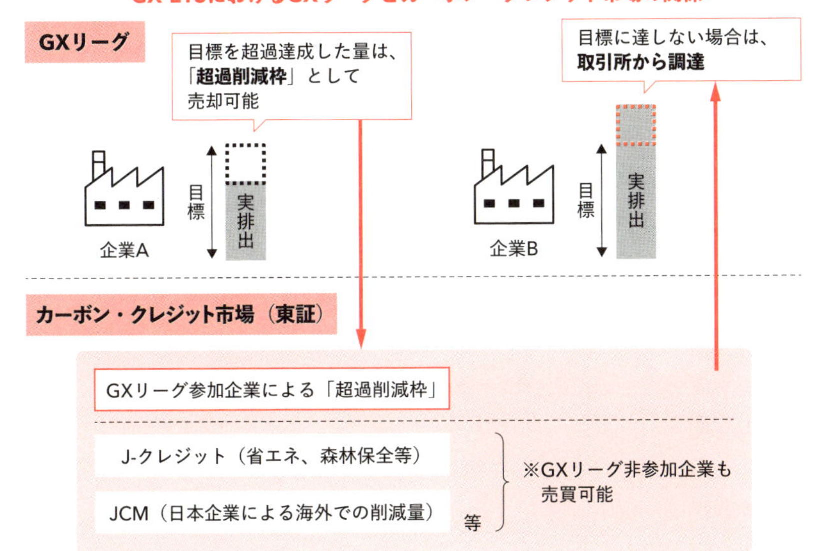

出典：GXリーグ設立準備事務局「来年度から本格稼働するGXリーグにおける排出量取引の考え方について」（令和4年9月6日）をもとに作成

CO₂の価格付け

カーボンプライシングとは?

GX推進戦略の柱であるカーボンプライシング。そもそもどんなものなのでしょうか。

ところでカーボンプライシング（以下・CP）って、そもそもどういう制度なのか、詳しく教えてください。

CO_2の排出に価格を付け、排出者の行動を変化させることで、排出量を削減しようとする仕組みのことです。

もともと「プライシング」は「プライス（価格）」の設計や戦略を立てるという意味がありますね。

そうですね。政府が行うCPとしては、「**炭素税**」「**排出量取引**」などがあります。ほかにも企業が独自に行う「**インターナルカーボンプライシング（ICP）**」という方法もあります。

日本や諸外国でのCPの導入状況はどうでしょうか？

世界各地域で導入が進んでいます。CPには多くの手法があり、国や地域ごとに制度内容が違います。

インターナルカーボンプライシング（ICP）
Internal Carbon Pricing。企業内で独自に排出量に価格を付け、投資判断などに活用する。

世界各地域
CPを導入する国や地域は合計75（2024年5月時点）。過去10年間で3倍以上に増加（世界銀行報告書より）。

CPの種類

＼国内／

炭素税

燃料・電気の利用（＝CO_2の排出）に対して、その量に応じた課税を行い、炭素に価格を付ける仕組み。

国内排出量取引

企業ごとに排出量の上限を決め、超過する企業と下回る企業との間で「排出量」を売買する仕組み。2026年から本格的にスタートする。

＼国際／

クレジット取引

CO_2削減価値を証書化し、取引を行う。日本政府では非化石価値取引、J-クレジットなどが運用されている。

国際機関による市場メカニズム

国際海事機関（IMO）では炭素税形式を検討中で、国際民間航空機関（ICA）では排出量取引形式で実施。

＼社内／

インターナルカーボンプライシング（ICP）

企業が独自に自社のCO_2を排出に対して価格を付け、投資判断などに活用する。

出典：環境省「地球環境・国際環境協力　カーボンプライシング」を参考に作成

CPのメリット・デメリット

メリット	デメリット
• CO_2排出量の削減を促進 • 脱炭素イノベーションを加速 • CO_2排出量の少ない製品・サービスの需要増大	• CO_2排出による短期的なコスト増加 • 規制の緩い国への生産拠点の移転（カーボンリーケージ）

規制だけでなく積極的に取り組む企業へインセンティブを与えるなど、CPにはバランスが取れた制度設計が重要です。

導入企業が増加するICPのイメージ

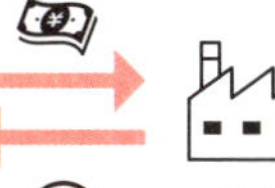

CPに関する制度

ICP（インターナルカーボンプライシング）

世界のICP導入企業は2,000社超で増加傾向。日本も約250社が導入予定です。

出典：環境省「【参考資料】インターナルカーボンプライシングの概要」を参考に作成

各種制度の特徴

炭素税・排出量取引とは?

カーボンプライシングにはいくつかの種類があります。それぞれの特徴をよく理解しましょう。

代表的なカーボンプライシングである「炭素税」「排出量取引」について詳しく教えてください。どのような制度でしょうか?

炭素税は排出した CO_2 に課税するものです。フィンランドやスウェーデン、カナダなどで導入されています。日本では**地球温暖化対策税**がありますが、新たに2028年頃から**「炭素に対する賦課金」が導入**される予定です。

なるほど。対象となる企業は今のうちから対策が必要ですね。

排出量取引は排出量の上限を決め、それを超過する企業と下回る企業との間で排出量の取引を行う制度です。欧州や中国、韓国などで導入されています。日本では**一部の自治体**が導入し、国としては**2026年度から本格的に導入**されます。

排出量削減に積極的に取り組まない企業は、負担が増えていきますね。

地球温暖化対策税
2012年から導入。化石燃料の利用に伴う CO_2 排出量に対して課税されるもの。現在の税率は排出量1トンあたり289円。

一部の自治体
2010年から東京都が、2011年から埼玉県が排出量取引を導入済み。東京都では、違反時に罰則が適用される場合がある。

主要国と日本の比較

諸外国と日本の炭素税と排出量取引の導入状況を比較してみましょう。

	炭素税	税率	排出量取引
諸外国	フィンランド、スウェーデン、フランス、カナダ他で導入。	数千円から数万円/トンCO_2	EU、中国、韓国、カナダ、アメリカの一部の州で導入されている。
日本	•地球温暖化対策税(2012年開始)。 •2028年度から「炭素に対する賦課金制度」導入予定。	289円/トンCO_2	•東京都と埼玉県が導入。 •国としては2026年度から本格稼働。

炭素賦課金は2028年、排出量取引は2026年から国内でスタート！

排出量取引の仕組み

排出量取引は企業ごとに排出量の上限（キャップ）を決め、「排出量」が上限を超過する企業と下回る企業との間で「排出量」を取引（トレード）する仕組みのこと。「キャップ・アンド・トレード」制度と呼ばれることもあります。

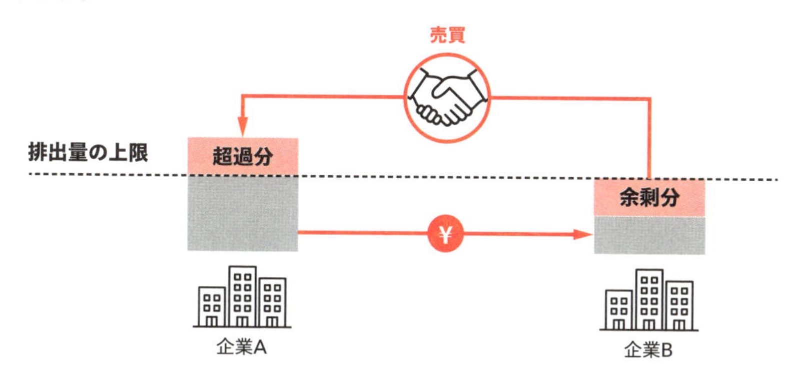

出典：環境省「カーボンプライシング（炭素への価格付け）の全体像」を参考に作成

取引される炭素の価格は「排出量」の需要と供給によって決まります。

EUのCP

先行するEUが新たに導入したCBAMとは？

EU で導入が始まった CBAM とは？　ここでは制度や対象製品について解説します。

カーボンプライシングの取り組みは、EUがリードする状況といえますね。

そうですね。2023 年からは、輸入品に対して炭素税を課す「**炭素国境調整措置（CBAM）**」の**導入が開始**されました。

どんな制度なんですか？

国境で輸入品に対して国内と国外の炭素価格の差額分の支払いを課すものです。「**カーボンリーケージ**」の防止が目的であり、**EU 域内の企業が、生産拠点を規制の緩い国に移転させたり、コスト競争の面で不利益を被らないための制度**です。

なるほど。ちなみに日本企業への影響はどうでしょうか？

現時点では限定的だと思いますが、**対象製品が拡張される可能性もあります**。EU 内に輸出する企業は、今のうちから準備を進めておくことが重要です。

導入が開始
EU の政策「Fit for 55」の一環として実施。2023 年からは移行期間とされ、2026 年 1 月から本格的に開始される。

カーボンリーケージ
排出規制の厳しい国や地域の企業が、規制の緩い国や地域に生産拠点を移転することで、世界全体の排出量が増加すること。

CBAMの仕組み

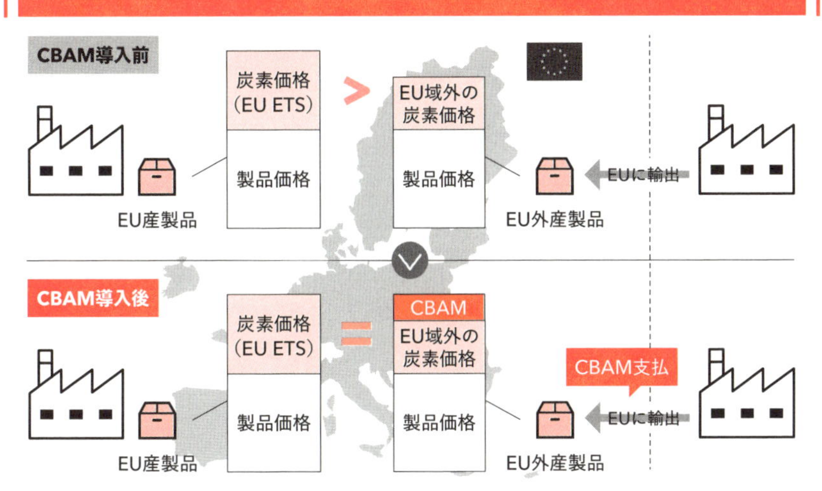

出典：環境省「【有識者に聞く】EUによる炭素国境調整措置（CBAM）から読み解くカーボンプライシング」（2023年12月26日）をもとに作成

CBAMの対象製品（2023年11月時点）

EU以外にもCBAMの導入を検討している国はあるのでしょうか？

アメリカでは2019年に当時の大統領候補だったバイデンが国境炭素調整について明言し、その後も検討が続けられていて、アメリカでも導入されるのかどうか注目が集まっています。

COLUMN

カーボンプライシングで得られる収入はどれくらい？

カーボンプライシングは注目度の上昇とともに、経済にも大きな影響を与えるようになってきました。

世界のさまざまな国や地域で導入が進むカーボンプライシング。ところで、カーボンプライシングによって得られた収入はどれくらいなのでしょうか？

世界銀行によると、2021年の総額は世界全体で約840億ドルとなりました。年々増加を続けており、特に2021年はEUの排出量取引制度（EU ETS）などの価格高騰に伴い、2020年の水準から60％近く増えました。なお、カーボンプライシングによって得られた収入は、気候変動対策に使用される傾向にあります。この収入の大きさからもカーボンニュートラルは環境問題だけでなく経済と密接に関係することが理解できます。

カーボンプライシングの収入の推移

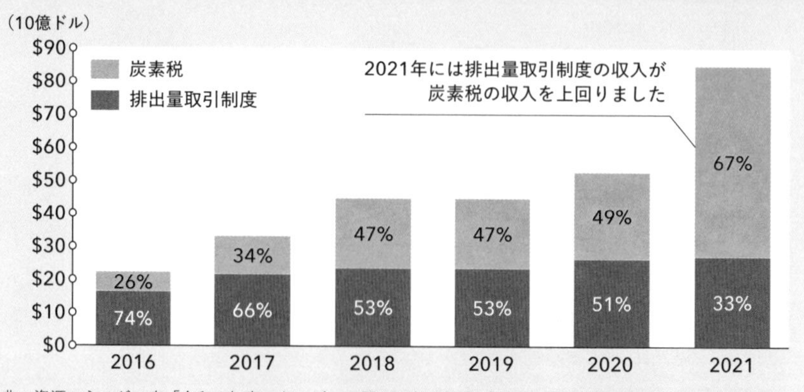

出典：資源エネルギー庁「令和4年度エネルギーに関する年次報告（エネルギー白書2023）」をもとに作成

第3章

再エネとペロブスカイト太陽電池・洋上風力発電

「再生可能エネルギー」とは何か知っておこう

エネルギーの脱炭素化に欠かせない再エネ。これほどまで注目を集める理由を理解しておきましょう。

カーボンニュートラル実現の主軸となる再エネこと**再生可能エネルギー**ですが、そもそもどんなものでしょうか。

再エネは、自然界に存在するエネルギーのことです。CO_2を排出しないことで注目を集めています。**太陽光、風力、水力、地熱、バイオマスなど7種類**が**法律**で定められています。

ちなみに、なぜ「再生可能」と呼ぶのでしょうか？

エネルギーを「**繰り返し使える**」ためです。石炭などの化石エネルギーとは違い枯渇する心配がありません。

エネルギーの脱炭素化のために、再エネは欠かせませんね。

はい。それだけではありません。**再エネは、エネルギー自給率の向上のためにも重要**です。特にエネルギー資源の乏しい日本は、再エネの普及拡大が望まれています。

再生可能エネルギー
自然界に常に存在するエネルギーのこと。化石エネルギーとは違い、CO_2を排出しない、枯渇しない、特定の地域に偏在しないといった特徴がある。

法律
「エネルギー供給構造高度化法」第2条第3項に定義され、同施行令に具体的な再エネの種類が規定されている。

エネルギーの脱炭素化

現状の温室効果ガス排出量の8割以上は、エネルギー起源であり、カーボンニュートラルの実現には、エネルギーの脱炭素化が必要です。

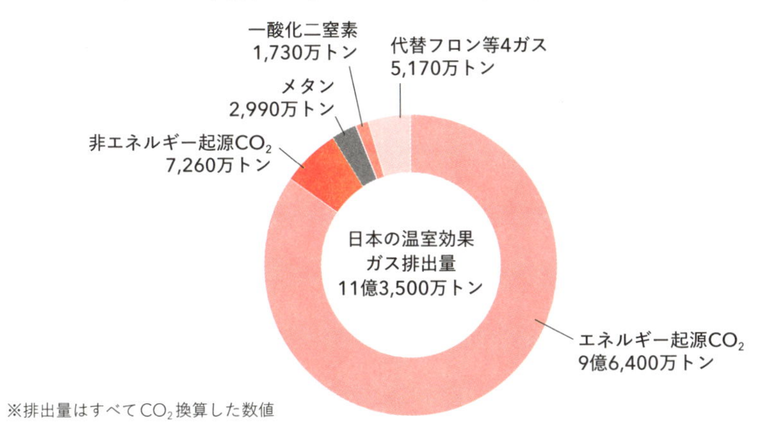

※排出量はすべてCO_2換算した数値

出典：環境省「2022年度の温室効果ガス排出・吸収量（詳細）」をもとに作成

エネルギーの自給率

日本は、石炭や石油などエネルギー資源の多くを海外から輸入しており、エネルギー自給率は13.3%と諸外国より低い状況です。再エネの普及により自給率の向上が期待されています。

〔主要国（OECD）の一次エネルギー自給率比較（2021年）〕

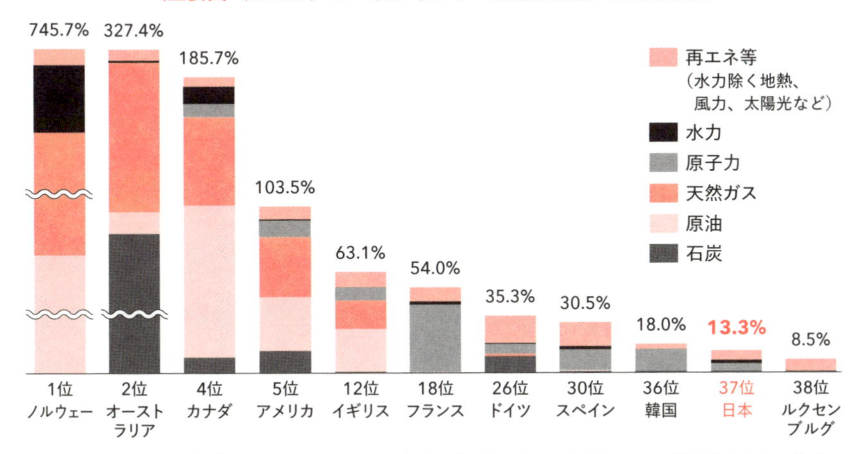

出典：資源エネルギー庁『日本のエネルギー 2023年度版「エネルギーの今を知る10の質問」』をもとに作成

種類と特長

いろいろな再エネを見てみよう

さまざまな種類のある再エネの特長と課題を理解しましょう。

太陽光発電

太陽の光エネルギーを直接電気に変える発電方法。半導体の一種である太陽電池を使用するものです。再エネの主力であるとともに、自家消費や地産地消を行う「分散型エネルギーリソース（DER)」として期待されています。

【特長】
- 太陽光を利用するため、設置する地域に制限が少ない。
- 屋根などの未利用スペースに設置可能。
- 送電設備のない山岳部や農地など遠隔地の電源として活用可。
- 災害時などの非常電源として活用可能。

【課題】
天候や時間帯によって発電量が変動すること、など。

風力発電

風の力で風車を回転させることで、電気エネルギーに変換する発電方法。洋上でも設置可能であり、近年、急速に導入が進められ、主力電源化に向けた切り札として期待されています。

【特長】
- 陸上と洋上で発電が可能。
- 発電効率が高く、大規模発電できればコスト低減しやすい。
- 風さえあれば、夜間でも稼働可能。

【課題】
現状では日本における発電コストが高止まり。また開発段階での環境評価や地元漁協等との共生が課題。

地熱発電

地球内部のマグマ由来の地熱を利用し、発生させた蒸気でタービンを回して発電するもの。日本は豊富な地熱資源を有し、世界第3位の資源量があります。地熱発電の持つポテンシャルは高く、安定して発電できる純国産エネルギーとして注目を集めています。なお、地表付近の低温の熱を利用したものは地中熱利用といいます。

【特長】
- 昼夜を問わず安定した発電が可能。
- 発電に使った高温の蒸気や熱水は、農業用ハウスや魚の養殖などに再利用可能。
- 日本は地熱資源が豊富。さらに国内外の地熱発電用タービンの7割が日本企業の製品。

【課題】
国立・国定公園内や温泉施設の場所と重なるため、関連法令や地元関係者との調整が必要。

水力発電

水を高所から低所に落とす勢いで、水車を回して電気エネルギーを生み出す方法。ダムのような大規模施設に加え、近年では、河川や農業用水、上下水道を利用した中小水力発電の建設が活発化しています。

【特長】

- 発電効率が非常に高い（80%）。
- 自然条件によらず、一定量の電力を安定的に供給可能。
- 一度発電所を作れば、長期稼働しやすい。
- 日本は古くから水力発電を利用してきた歴史があり、技術の蓄積がある。

【課題】

水量や地形など、水力発電に適した場所が限られる。

バイオマス発電

バイオマスとは、動植物などから生まれた生物資源のこと。バイオマス発電はバイオマスを直接燃焼したり、ガス化することで発電するものです。燃焼の過程でCO_2が排出されますが、植物が成長する過程でCO_2を吸収するため、全体としてカーボンニュートラルと考えられています。

【特長】

- 天候に影響されずに発電可能。
- 未活用の廃棄物を利用可能。

【課題】

資源が広い地域に分散しているため、収集や運搬、管理にコストがかかる小規模分散型の設備になりやすい。燃料として用いるバイオマス資源の持続可能性にも考慮が必要。

太陽熱利用

太陽の熱エネルギーを集めて、給湯や暖房に利用するもの。太陽光発電とは異なり、熱エネルギーを使用します。機器の構成がシンプルであり、また導入の歴史が古く、実績も多いです。

【特長】

- エネルギーの変換効率が高い（50%）。
- パネルが小さく、設置場所が確保しやすい。

【課題】

天候や時間によって変動する。

その他の再エネ

雪氷熱利用

冬の間に雪や氷を保管し、冷熱が必要な夏場などに利用するもの。

温度差熱利用

地下水や河川水などを熱源としたエネルギーを利用するもの。

潮力発電

潮流や潮汐（潮の満ち引き）を利用するもの。

再エネのメリット&デメリット

CO_2 を排出しないなど大きなメリットのある再エネですが、発電効率の低さや不安定な発電量が難点です。

CO_2が排出されず、エネルギー自給率向上にもつながる再エネですが、デメリットはどんなところでしょうか？

発電量が天候によって左右されることや**エネルギー変換効率**の低さなどが挙げられます。

再エネの変換効率はどれくらいですか？

火力発電の変換効率は約55%ですが、風力発電が約40%、太陽光発電が約20%となっています。

変換効率もそうですが、発電量が安定しないというのが難点ですね。

そうですね。電気は必要なときに必要な分だけつくるのが基本です。なので、**出力調整ができる電源**や、**蓄電池**で**エネルギーを蓄積すること**が必要です。

エネルギー変換効率
発電効率ともいい、エネルギーをどれくらい電気に変換できるのか表した数値。

蓄電池
電気を蓄え、供給する機能がある装置。再エネの自然変動性を解決する手段として注目されている（→P122）。

再エネの主なメリット・デメリット

メリット	デメリット
• CO_2が排出されない • エネルギーの自給率向上になる • 枯渇しない	• エネルギー変換効率が低め • 発電量が天候などによって変動する

エネルギー変換効率の比較

発電方法	変換効率（発電効率）
太陽光発電	20%
風力発電	30～40%
水力発電	80%
地熱発電	20%
バイオマス発電	20%
火力発電	35～55%

再エネのエネルギー変換効率は、水力・風力を除くと火力発電と比べ全般的に低いですが、変換効率向上に向けた研究開発が盛んに行われています。

発電量と消費量のバランス

電気を安定して使うためには、常に発電量と消費量を同じにする必要があります。下図のように太陽光発電は、天候によって発電量が変動するため、出力調整するのが困難で、そのため出力調整が可能な電源や蓄電池と組み合わせる必要があります。

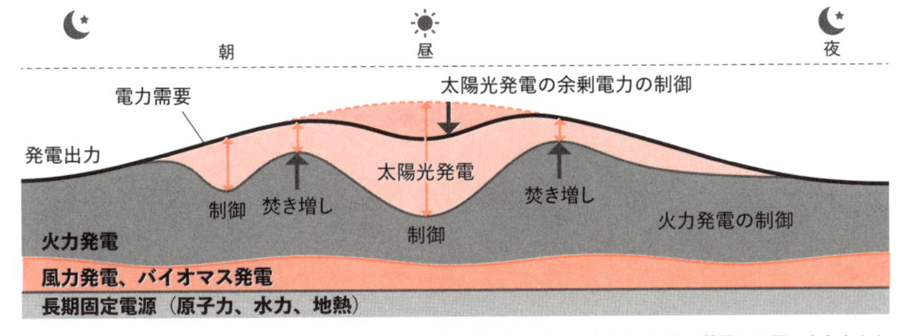

出典：資源エネルギー庁『日本のエネルギー 2023年度版「エネルギーの今を知る10の質問」7.再エネ』をもとに作成

普及拡大への課題

再エネの普及率と課題

再エネの普及率はまだ高いとはいえません。その背景にある課題とはなんでしょうか？

再エネの現在の普及率は、どれくらいでしょうか？

日本の場合、すべての電源に占める**再エネの比率は 21.7%**です。主要国と比べると、決して高いとは言えません。

その理由としては、何が考えられますか？

いくつかありますが、日本は平地が少ないため**立地の制約**が大きいことが挙げられます。こうした制約もあって、**発電コストが高くなってしまう**ことも理由です。

再エネの普及拡大に向けては、どんなことが課題なのでしょうか？

発電コストの低減や立地制約の改善に加え、**系統制約の問題**があります。現状では、せっかく発電した電気を**送電できない**ことも起きています。

立地の制約
平地以外の設置場所の事例として、荒廃農地、空港などのインフラ空間、住宅などの建築物がある。

送電できない
系統とは送電網や配電網など電力系統のこと。系統には電気を流すことができる容量が決まっている。空き容量がないと既存系統に接続できない。

各国の電源構成比率

日本の再エネの比率は全体の21.7%（水力を除くと14.1%）で、他の主要国よりも低くなっています。化石エネルギー（石炭、石油等、天然ガス）の比率を減らし、エネルギーの脱炭素化を進める必要があります。

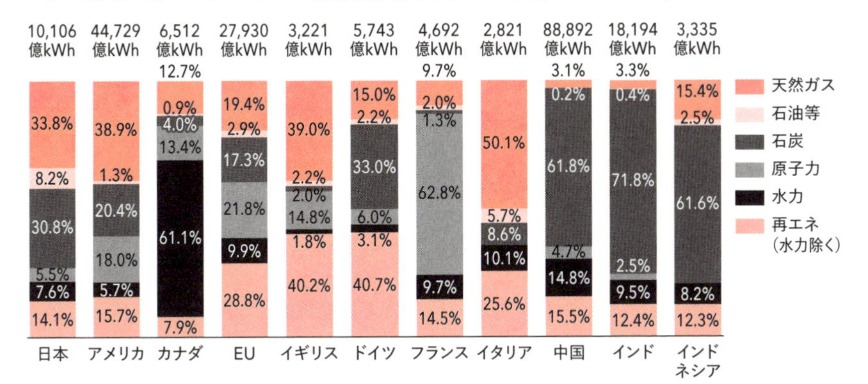

出典：資源エネルギー庁「エネルギーを巡る状況について（2024年5月）」をもとに作成

再エネの普及拡大に向けた日本の課題

①発電コストの低減

現状では他の電源より発電コストが高い。諸外国と比べても日本は高くなっている。

②発電量の変動に対する調整力

太陽光や風力などは発電量が変動するため、電力の調整が必要。当面は火力発電による調整となるが、脱炭素化のためには蓄電池の活用などエネルギーの貯蔵が必要。

③系統制約の緩和・解消

発電した電気を、既存の電力系統につないで送電するには制約がある。もともと電力系統は、需給のバランスをとることに加え、送電容量に限界があるため、太陽光など発電量が変動する電気を接続するには、抜本的な運用の見直しが必要となる。

④立地制約・設置場所の確保

平地の少ない日本では、太陽光発電の設置場所は限られる。さらに自然環境の景観など地域共生の視点も不可欠である。

覚えておきたい！

「ノンファーム型接続」とは?

系統制約の打開策の１つに「ノンファーム型接続」があります。これは、系統の空き容量がある時に再エネに接続できるようにするための制度。近年、本制度の利用が増え始めています。

政府の目標

日本の現状と目標について

政府は「エネルギーミックス」によって、再エネの主力電源化を進める目標を掲げています。

再エネの普及拡大に向けた政府の方針はどうなっていますか？

日本の「**エネルギー基本計画**」では、**エネルギーの安全性を大前提とした「エネルギーミックス」により、再エネの主力電源化を目指しています。**

エネルギーの安全性や安定供給などとのバランスを考慮しながら、再エネの普及を最優先で進める方針ですね。

そうです。本計画では、**2030年までに再エネの電源比率を38%程にする目標**を掲げています。**太陽光発電は16%程の目標で、再エネの主軸となっています。**

2022年の再エネの電源比率は21.7%でしたから、目標達成は簡単ではなさそうです。

そのとおりです。目標を達成するには、**次世代型の再エネ**の開発も必要です。

エネルギー基本計画
エネルギー政策基本法に基づき、国の中長期的なエネルギー政策の方向性を示した計画。少なくとも3年ごとに見直される。2021年10月に「第6次エネルギー基本計画」が策定。

次世代型の再エネ
ペロブスカイト太陽電池や洋上風力発電など。これらの社会実装に向けた技術開発や投資が進められている。

日本の再エネの2030年目標

政府は、太陽光だけでなく、さまざまな発電方法を組み合わせる「エネルギーミックス」により、再エネの主力電源化を目指す方針を示しています。

	2011年度	2022年度	2030年新ミックス
再エネの電源構成比 発電電力量：億kWh 設備容量：GW	**10.4%** （1,131億kWh）	**21.7%** （2,189億kWh）	**36－38%** （3,360－3,530億kWh）
太陽光	0.4%	9.2%	14－16%程度
	48億kWh	926億kWh	1,290～1,460億kWh
風力	0.4%	0.9%	5%程度
	47億kWh	93億kWh	510億kWh
水力	7.8%	7.6%	11%程度
	849億kWh	769億kWh	980億kWh
地熱	0.2%	0.3%	1%程度
	27億kWh	30億kWh	110億kWh
バイオマス	1.5%	3.7%	5%程度
	159億kWh	371億kWh	470億kWh

出典：資源エネルギー庁「再生可能エネルギーに関する次世代技術について」（2023年12月5日）をもとに作成

「第6次エネルギー基本計画」での方針

「S+3E」（安全性＋エネルギーの安定供給、経済効率性の向上、環境への適合）を基本方針とし、再エネの主力電源化に向けて、下の4つの取り組みを最優先で進めることになっています。

①コスト低減とFIT制度からの自立化

②地域との共生／事業規律の強化

③系統制約の克服に向けた取り組み

④電源別の特徴を踏まえた取り組み

エネルギー基本計画では、水素や原子力など再エネ以外の方針も描かれています。
〈第6次エネルギー基本計画〉
https://www.enecho.meti.go.jp/category/others/basic_plan/pdf/20211022_01.pdf

普及拡大の政策

FITとFIPってなんだろう?

再エネによって発電した電気にはプレミアムが！
再エネ普及拡大を促すFIP制度とは？

以前から再エネの普及拡大の政策として、**FIT制度**が知られていますね。

はい。FIT制度により急速に再エネが普及しました。しかし、**賦課金**として**国民への負担**が膨んでいることや、常に固定価格で売電できるため、**電気の需要と供給のバランスを意識せずに発電される**といった課題があります。

電力会社が買取した費用の一部は、私たち使用者が負担しているんですよね。

そうです。そこで2022年から新たに**FIP制度**が始まりました。**FIP制度では、電力市場と連動して売電価格が決まる**ので、電気の需給バランスに沿った発電につながると期待されています。

そうなれば、電気が必要な時に作られるようになりますね。

はい。さらに**FIP制度は売電価格にプレミアム分が上乗せ**されます。

FIT制度
2012年にスタートした固定価格買取制度のこと（通称：フィット）。再エネの普及のため、再エネによって発電した電力を固定価格で、一定期間、電力会社が買い取る制度。

賦課金
再生可能エネルギー発電促進賦課金。電力会社が再エネで発電された電気を買い取り、その費用を使用者が負担する仕組み。年々増加傾向にあり、2022年度は総額2.7兆円。

FIP制度
feed in premiumの略（通称：フィップ）。市場価格をもとにプレミアムを上乗せして買い取る制度。再エネの導入が進む欧州などではすでに取り入れられている。

2022年から開始されたFIP制度とは？

FIP制度では、電気の需要と供給のバランスに連動する市場価格をもとに算出される金額に加え、プレミアム（補助額）分を上乗せした金額で売電が可能です。再エネ発電事業者にインセンティブを与えて再エネの普及拡大を図るとともに、電気の需給バランスに応じた発電につながると期待されています。

FIT制度 価格が一定で、収入はいつ発電しても同じ
➡需要ピーク時（市場価格が高い）に供給量を増やすインセンティブなし

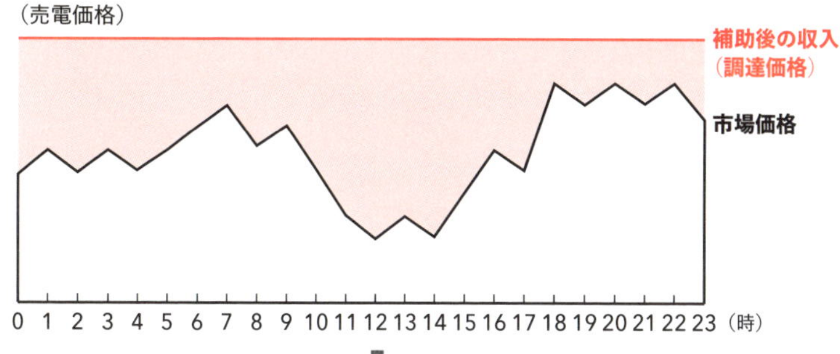

FIP制度 補助額（プレミアム）が一定で、収入は市場価格に連動
➡需要ピーク時（市場価格が高い）に蓄電池の活用などで供給量を増やすインセンティブあり
※補助額は、市場価格の水準にあわせて一定の頻度で更新

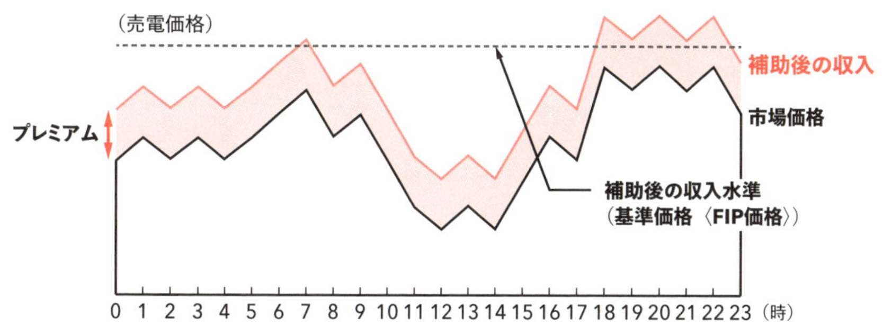

出典：資源エネルギー庁『再エネを日本の主力エネルギーに！「FIP制度」が2022年4月スタート」』をもとに作成

蓄電池の活用によって、市場価格が高い時に売電し、収益を増やすことも可能です。

次世代太陽電池

いま注目の「ペロブスカイト太陽電池」とは？

期待が高まる次世代の太陽電池は軽い・薄い・柔らかい！その特徴を理解しましょう。

次世代型太陽電池として期待される「ペロブスカイト太陽電池」（PSC）とはどのようなものですか？

ペロブスカイト太陽電池は、現在主流の**シリコン系太陽電池**よりも**非常に軽く、折り曲げやすいため、建物の屋根だけでなく、窓や壁など、さまざまな場所に設置可能**です。また、製造工程が少なく、コストを抑えられるうえ、**主原料のヨウ素**を国内で調達しやすいメリットもあります。

設置場所の確保やコストの低減は、再エネの普及にとって大きな課題でしたから、期待が高まりますね。

そうですね。一方、**耐久性や寿命**、また**変換効率**の低さがデメリットです。ただ、技術開発が進んでおり、日本政府は**2025年の実用化**を目指しています。

シリコン系太陽電池
シリコンの半導体を原料とし、フレームやガラスを使用した強固な構造を持つ。変換効率は高いが、重く、折り曲げられないといった欠点がある。

主原料のヨウ素
日本はヨウ素の生産量が世界2位であり、世界シェアの30%を占める。ペロブスカイト太陽電池は原料が国内で調達できるため、経済安全保障の強化にもつながると期待されている。

変換効率
シリコン系太陽電池の一般的な変換効率は20%程度。ペロブスカイト太陽電池の変換効率は、それよりも低く、実用化に向けてはさらなる向上が求められる。

ペロブスカイト太陽電池とは？

「ペロブスカイト」とは、結晶構造の種類を指す言葉です。この結晶構造を持つ化合物を発電層として用いたものをペロブスカイト太陽電池といいます。

非常に薄く、軽くて曲げられる

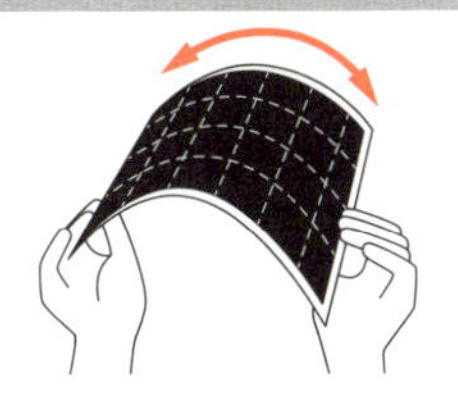

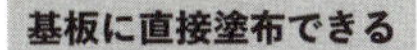

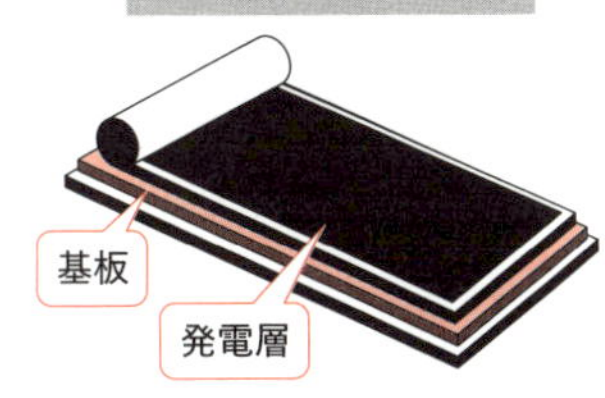

出典：国立研究開発法人 新エネルギー・産業技術総合開発機構「次世代型太陽電池・洋上風力発電の拡大をカーボンニュートラルへの一手に　再生可能エネルギーの新たな展開」をもとに作成

ペロブスカイト太陽電池のメリット

設置しやすい形状（薄い・軽い・柔軟）

製造工程が少なくコストが抑えられる

主要材料のヨウ素が国内調達しやすい

ペロブスカイト太陽電池のデメリット

耐久性が低く寿命が短い

大面積化が難しい

変換効率が低い

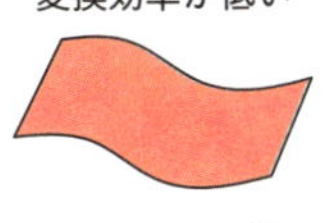

ペロブスカイト太陽電池の活用例

建物の窓や壁

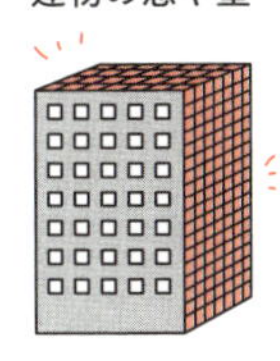

電気自動車やドローン

衣類や鞄

ペロブスカイト太陽電池の市場規模と政府の投資戦略

実用化が待たれるペロブスカイト太陽電池。市場規模や日本政府の支援策とは？

今後のペロブスカイト太陽電池の市場規模はどうなりますか？

高性能化と低コスト化が実現することで、**急速に拡大し、2035年には世界市場規模が1兆円に達する**と予測されています。

実用化に向けて着々と技術開発が進んでいるのですね。

そうですね。欧州や中国を中心に技術開発が進んでおり、量産化に向けた動きが活発化しています。**日本企業は特に大型化や耐久性の分野で世界をリード**しています。

日本政府の支援はどうですか？

政府は**量産化に向けた支援**やFIT・FIP制度による導入促進策など、**大規模な投資戦略**を進めています。

量産化に向けた支援
政府は2030年までの早期のGW（ギガワット、1ギガ＝10億）級の量産体制の構築に向けた支援を行う方針。

大規模な投資戦略
政府は、グリーンイノベーション基金（→P26）やGX先行投資支援を軸に、今後10年間で約31兆円以上の投資規模を見込んでいる。

ペロブスカイト太陽電池の市場規模

市場調査会社の予測によれば、ペロブスカイト太陽電池の高性能化と低コスト化が実現し、2035年には世界市場規模が1兆円に達するとされています。

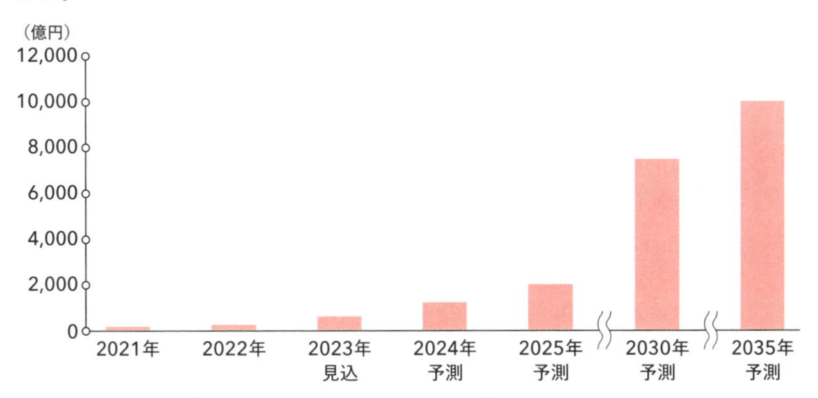

出典：富士経済グループ「プレスリリース」第23037号をもとに作成

政府の次世代太陽電池の分野別投資戦略

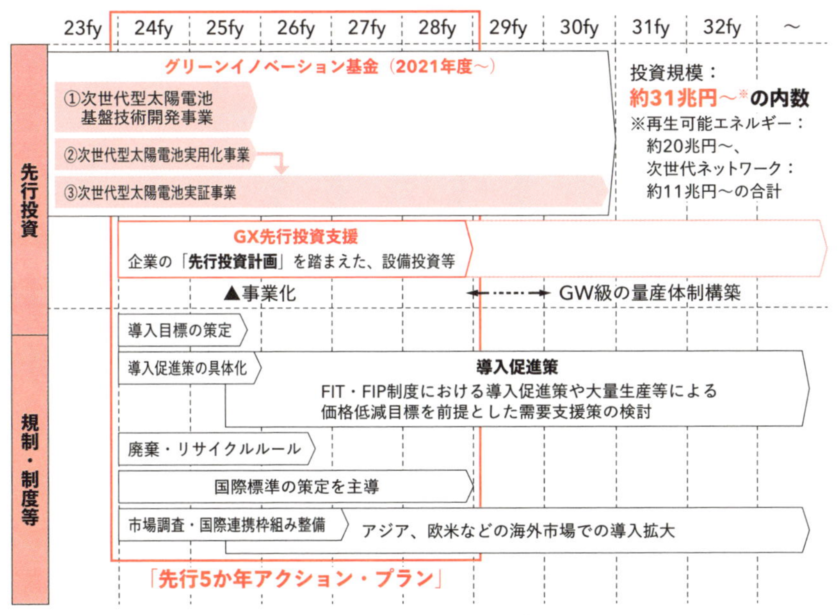

出典：内閣官房「分野別投資戦略」をもとに作成

※「fy」は会計年度、または事業年度のこと。

企業の取り組み事例

実用化は目前!? 企業の開発状況

日本企業や海外企業のペロブスカイト太陽電池の開発状況についてご紹介します。

››› 積水化学工業：独自の製造プロセスを確立！実証実験で先行

積水化学工業は、連続生産可能なロール to ロールによる製造方法を開発し、10 年相当の耐久性と発電効率 15%を実現したペロブスカイト太陽電池の開発に成功しました。現在、実証に向けた取り組みを進めています。

2023 年 11 月のプレスリリースで、東京都千代田区の「内幸町一丁目街区南地区第一種市街地再開発事業」で建設予定のサウスタワーに、このペロブスカイト太陽電池が設置されることが発表されました。定格で発電容量が 1,000kW を超え、世界初の「ペロブスカイト太陽電池によるメガソーラー発電機能を実装した高層ビル」となる予定です。

››› 東芝：大面積で世界最高水準の変換効率の実現に成功！

東芝は、独自開発したメニスカス塗布法を用いてフィルム型のペロブスカイト太陽電池を開発しました。メニスカス塗布法は、印刷技術の一種で、表面張力を利用して均一かつ大面積に成膜できる特徴があります。開発されたフィルム型のペロブスカイト太陽電池は、大面積（703㎠）として世界最高のエネルギー変換効率 16.6%を記録しています。

2023 年 2 月のプレスリリースで、東芝は東急株式会社や横浜市らが行う実証実験（東急田園都市線・青葉台駅正面口改札前自由通路）に対し、開発したフィルム型ペロブスカイト太陽電池を提供すると発表しました。この実証実験は屋内の光の下で発電を行うものであり、他の施設への活用方法の検討に役立てられる予定です。

積水化学工業、東芝をはじめとする日本企業に世界をリードしてほしいですね。

>>> カネカ、アイシン

カネカは、建材一体型への展開を目指し、既存のシリコン系太陽電池製造技術を活用した技術開発を進めています。またアイシンは、ペロブスカイト太陽電池の材料を均一に塗布するスプレー工法の技術開発に取り組んでいます。

なお、カネカやアイシンは、積水化学工業や東芝とともに、グリーンイノベーション基金を活用した国家プロジェクトに参画しています。

>>> 海外企業の取り組み

中国の DaZheng Micro-Nano Technologies は、2020 年にペロブスカイト太陽電池で 21%の変換効率を実現（3㎜角程度のセル）。2023 年 7 月には 100MW 級の生産ライン構築に向けた調印式を開催しました。

また、イギリスのオックスフォード PV は、タンデム型（複数種を組み合わせた電池）の太陽電池を開発し、28.6%の変換効率を実現しました（160㎜角のセル）。2025 年前後の大量生産を目指しています。

>>> 日本の特許出願状況は世界2位！

ペロブスカイト太陽電池は桐蔭横浜大学の宮坂力特任教授によって発明され、国内では以前から研究開発が盛んに行われていました。日本国籍の特許出願件数は 2015 年まで増加傾向にあり、世界 1 位でしたが、2015 年以降、中国籍出願人が急増し、2017 年には中国が世界 1 位（1077 件）、日本は 2 位（619 件）となりました。

世界中で開発競争が激化する中、「日本発」のペロブスカイト太陽電池における日本企業の活躍が期待されています。

中国やイギリスをはじめとする世界各国で開発が進められていますが、ペロブスカイト太陽電池を発明した国として、日本のメーカーにはこれからも世界を牽引していってほしいですね。

洋上風力発電とは

政府が力を入れる「洋上風力発電」とは？

次世代型の再エネとして政府が力を入れている洋上風力発電について理解しましょう。

政府は再エネの主力電源化に向けて「洋上風力発電」の普及にも力を入れているんですよね。

そうですね。**風力発電**は**太陽光発電よりもエネルギー変換効率が高く**、洋上では設置場所の制約が少ないため、大量導入が期待できます。さらに、洋上では風向きや風の強さが安定しているメリットもあります。

陸上風力発電は、設置が進むにつれて適地が減っており、土地や道路の制約、騒音など生活環境への懸念もあります。

洋上風力発電は設置する水深の深さに応じて「**着床式**」と「**浮体式**」に分かれ、土地や環境に関する制約が少ないです。「着床式」は浅い場所に設置するためコストを抑えられますが、**日本の近海は急に深くなるため「浮体式」に期待**が寄せられています。

風力発電
風速が２倍になると風力エネルギーは８倍になる。エネルギー変換効率は30～40％。現状の日本の風力発電はほとんどが陸上。

着床式
海底に固定した支持構造物（基礎）に風力発電機を取り付けて発電する方式。一般的に水深50mより浅い海域で用いられる。欧州では遠浅な海域が続き、着床式が多く採用されている。

浮体式
洋上に風車を浮かべて発電する方式で、鎖等で海底につなぎとめるもの。水深50mを超える海域で経済的に有利となる。導入拡大に向けて、大幅なコスト削減を目指した技術開発が進められている。

洋上風力発電とは？

POINT①
設置場所の制約が少なく、大型化や大量導入がしやすい。

POINT②
風向きや風の強さが安定している。

POINT③
景観や騒音への影響が小さい。

四方を海に囲まれる日本では、洋上風力発電の大量導入が期待されています。

風力発電の種類

風力発電には風車を陸上においたものと洋上においたものがあり、洋上にも「着床式」と「浮体式」の2種類があります。

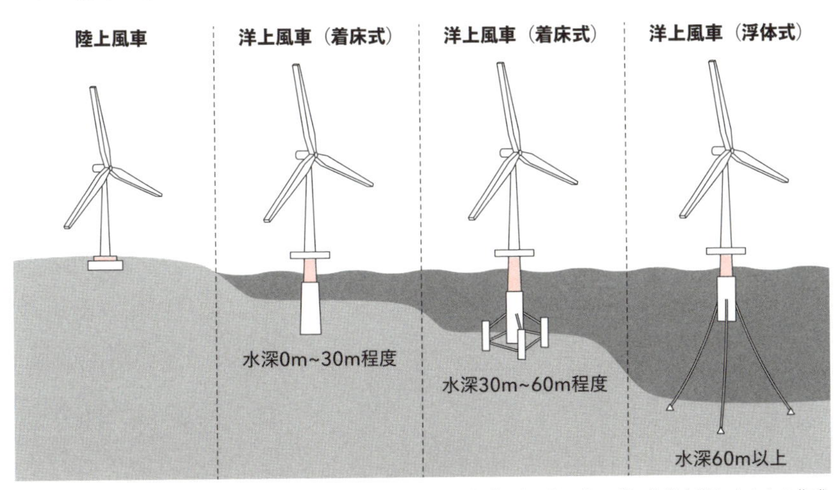

出典：国立研究開発法人 新エネルギー・産業技術総合開発機構「再生可能エネルギー技術白書」をもとに作成

コスト的に有利な着床式の設置が優先的に進む見込みですが、洋上風力発電を大量導入していくためには、水深が深いところに設置できる浮体式が期待されています。

課題と経済効果

洋上風力発電の課題と期待される経済効果

洋上風力発電が普及拡大するための課題とは？　また関連産業への経済効果とは？

普及が期待される洋上風力発電ですが、課題はなんでしょうか？

コストです。陸上と比べ、風車や基礎の建設、維持管理、海底ケーブルの設置などで多くの費用がかかります。また、設置場所の**地元漁業との共生**も重要です。

どの再エネも、普及させるにはコストの問題を解決する必要がありますね。

そうですね。ただ、**欧州**では洋上風力発電の導入が進んでいるため、将来的には**低コスト化が期待されています**。

洋上風力発電は**経済波及効果が大きい**といわれますが、その理由についても教えてください。

発電設備の部品数が多く、関連産業が多岐にわたるためです。**事業規模は数千億円**になるといわれます。今後、官民が一体となり、国内の洋上風力産業が発展することが期待されています。

欧州
偏西風や遠浅な海底、北海油田向け産業基盤や港湾インフラ等の整備など好条件が揃っているため、洋上風力発電の大量導入が先行している。コスト低減が進展し、補助金ゼロの市場価格の事例もある。

発電設備の部品数
主にブレード、ナセル（発電機等）、タワー、基礎の４部位で構成され、多くの部品が必要。本体の建設の他、建設船、海底ケーブルなど関連する業種は多岐にわたる。

洋上風力発電の普及拡大のための課題

(1) コストの低減	(2) 地元漁業等との共生	(3) 洋上風力の産業競争力強化
陸上風力発電と比べて、洋上風車の建設や維持管理、その基礎、変電設備や海底ケーブルなどにコストがかかる。	より沖合で大型の洋上風力発電を設置するには、地元住民の理解や地元漁業との共生を図ることが重要である。	国内に大型風車の製造拠点がないため、商用化にあたっては、国内で洋上風力産業を育て、競争力を強化していく必要がある。

(1) のコストはその他の再エネと共通の課題ですが、(2) は洋上ならではの課題です。(3) については企業の協力や政府の後押しが期待されます。

成長産業として期待される洋上風力発電

☑ 数万点にもなる構成機器の部品数	☑ 低コスト化が進む可能性	☑ アジア市場の急成長
洋上風力発電設備の部品点数は数万点にもなり、事業規模は数千億円となる。関連産業への波及効果が大きいと注目されている。	欧州では技術開発が進み、発電効率の向上や建設工事の効率化が進展したことで、発電コストが大きく低減している。技術発展によりさらに低コスト化が進むと期待されている。	グローバルな洋上風力発電市場は着実に成長しており、特にアジア市場の急成長が見込まれている。将来的には、アジアの成長市場を獲得していくことが期待されている。

洋上風力発電は新しいエネルギーとしてだけでなく、大きなビジネスチャンスを創出する存在としても注目されています。

ポイント!

洋上風力発電を巡る各国企業の動向

- ☑ 日本では三菱重工業や日立製作所、日本製鋼所、東芝などが風車や風力発電機器の開発・製造を行っている。
- ☑ 欧州では国家横断的な技術開発が1980年代から行われている。また、ノルウェーやドイツなどの民間企業でも実証が進められている。
- ☑ 導入が進む欧州に加え、アメリカ、中国、韓国、インドのメーカーも力をつけてきている。

政府の方針

洋上風力発電の普及拡大に向けた政府の方針

政府は官民協議会により「洋上風力産業ビジョン」を作成。その方針とは？

洋上風力発電の普及拡大に向けた政府の方針について教えてください。

政府は「**洋上風力産業ビジョン**」を作成し、2030 年に 10GW（ギガワット）、**2040 年までに 30 から 40GW の洋上風力発電**を目指す目標を設定しています。

目標達成のための具体的な政府の取り組みなどはありますか？

政府は「**再エネ海域利用法**」を施行し、洋上風力発電事業に関する統一的なルールを定めました。この法律で、自然的条件などが適した「**促進区域**」を指定し、事業者の参入を促しています。

その促進区域での**現在の導入状況**はどうですか？

10 の促進区域が指定され、2023 年には国内初の商業運転が開始されています。

再エネ海域利用法
海域の占用に関する統一的なルールがない、先行利用者との調整の枠組みが存在しない、という課題の解決に向け成立した法律。2019 年 4 月施行。

促進区域
自然的条件が適当である、漁業や海運業等の先行利用に支障を及ぼさない、系統接続が適切に確保される等の要件に適合した一般海域内の区域。区域内では最大30年間の占有許可を事業者は得られる。

現在の導入状況
2023年1月に秋田県秋田港・能代港で国内初の商業運転を開始し、2024年1月には石狩湾新港で商業運転が開始された。

「洋上風力産業ビジョン（第1次）」での目標

政府が定めた「洋上風力産業ビジョン」で示された政府、産業界それぞれの目標を紹介します。

政府による目標

- 2030年に10GW、2040年までに30GW〜45GWの案件を形成する。

産業界による目標

- 2040年までに国内調達比率60%にする。
- 発電コスト（着床式）を2030〜2035年までに8〜9円／kWhにする。

洋上風力発電の促進区域

下図は再エネ海域利用法で促進区域に定められた10の地域を示したものです。促進区域以外にも有望区域や準備区域、GI基金実証候補海域が指定されています。

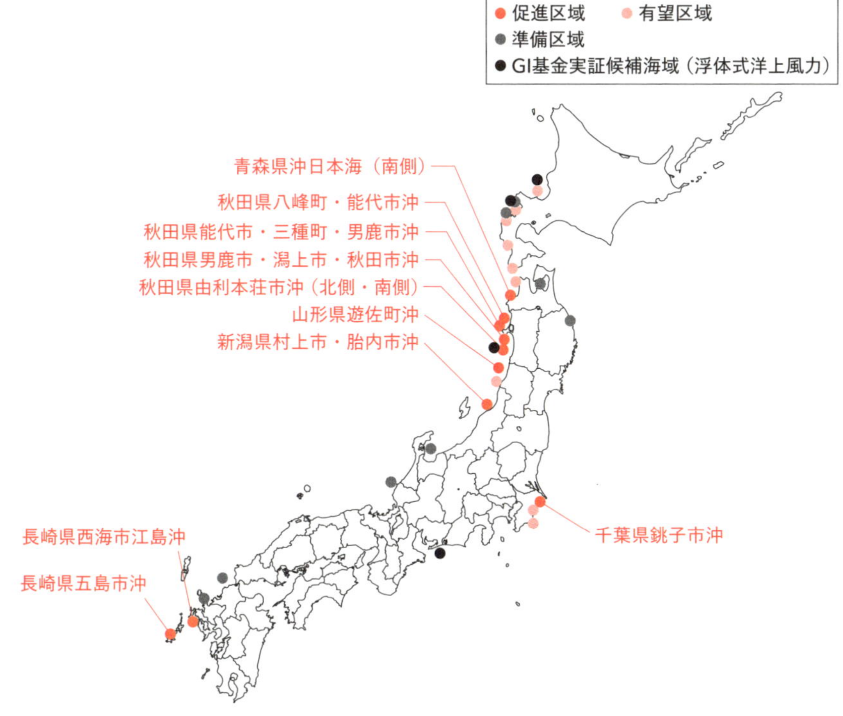

出典：経済産業省「これまでの洋上風力政策の進捗」を参考に作成

COLUMN

そもそもエネルギーとは？ 一次と二次エネルギーの違い

私たちが当たり前のように使う「エネルギ―」という言葉の そもそもの意味や種類を知っていますか？ ここで基本の知識を身につけましょう。

普段、当たり前のように使っている「エネルギー」ですが、そもそもどんなものなのでしょうか。

簡単にいうとものを動かしたり、熱や光や音などを出したりするために必要なものであり、仕事をする能力を意味します。

そのエネルギーは、一次と二次に分けられます。

一次エネルギーとは、自然から直接採取できるエネルギーであり、石油や石炭、太陽光、水力、原子力などがあります。

一方、二次エネルギーは、一次エネルギーを転換・加工することで得られるエネルギーであり、電力、都市ガス、ガソリン、灯油などがあります。最近、注目を集める水素も二次エネルギーになります。

一次から二次へ転換・加工することで、エネルギーが使いやすくなり、私たちの暮らしはより便利で豊かになってきたのです。

エネルギーの言葉の意味や種類といった基本的な内容を理解することで、再エネや次世代エネルギーについてもより深く理解できるようになるはずです。

第4章

水素エネルギーとアンモニア燃料と合成メタン

次世代エネルギー

注目を集める次世代エネルギー

水素をはじめとする新しい脱炭素エネルギーが注目を集めています。

最近、新しいエネルギーとして**水素**が注目されていますね。

そうですね。水素は燃やしても温室効果ガスを排出しない脱炭素エネルギーとして期待されています。また、**アンモニア、合成メタン、合成燃料**もカーボンニュートラルに貢献するエネルギーとして注目を集めています。

エネルギーの脱炭素化は、再エネだけじゃないんですね。

はい。実は両者は密接に関係しています。水素などをつくる際は、再エネなどを活用し、**温室効果ガスを排出させないことが重要**です。また発電量が変動しやすい再エネの**余剰電力**を使えば、**余った電気を水素などにかえて「エネルギーの貯蔵」の役割を果たす**こともできます。

なるほど。水素は利用するときだけでなく、つくるときにも温室効果ガスを排出させないことが重要ですね。

水素
無色透明で最も軽い気体。水素は燃やすと水が発生し、温室効果ガスが排出されない。

アンモニア、合成メタン、合成燃料
各々水素を原料としてつくられ、水素と同様に脱炭素化に貢献するエネルギーとして期待されている。

余剰電力
太陽光発電などの発電量が、需要よりも大きい場合に余る電力。電気は水素や蓄電池などで貯蔵することが可能。

期待される新しい脱炭素エネルギー

エネルギーの脱炭素化を実現するのは、再エネだけではありません。新しい次世代エネルギーが、注目を集めています。

水素（→P80）　　**アンモニア**（→P88）

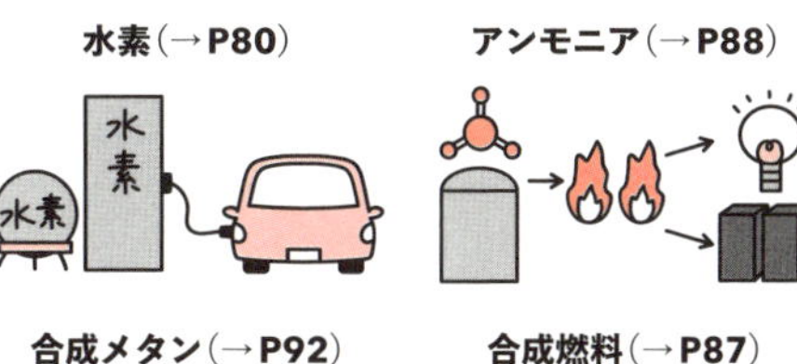

合成メタン（→P92）　　**合成燃料**（→P87）

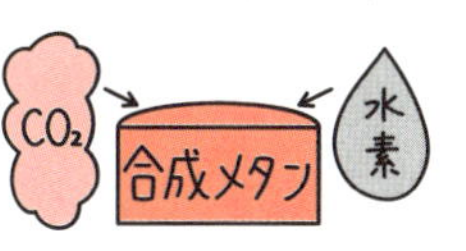

特に水素は、他の3つの原料にもなり、カーボンニュートラルの実現に向けた鍵となるエネルギーとして注目されています。

次世代エネルギーが期待される理由

- ☑ カーボンニュートラルの実現に欠かせない
- ☑ エネルギー自給率の向上が期待できる
- ☑ 発電・運輸・産業など用途が幅広い
- ☑ エネルギーの貯蔵や災害時に活用できる
- ☑ 産業振興、雇用創出など経済への貢献が期待できる

2030年の電源構成

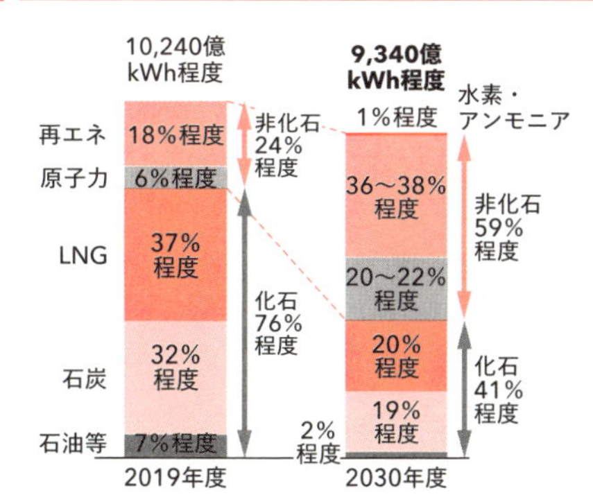

出典：資源エネルギー庁『2050年カーボンニュートラルを目指す　日本の新たな「エネルギー基本計画」』をもとに作成

左の図は2030年の電源構成の見通しを表したものです。その中で水素とアンモニアは電力供給の一翼を担う存在として期待されています。

強みと弱み

水素エネルギーの概要とメリット&デメリット

エネルギーとして水素を利用することには、どんな意義があるのでしょうか。

水素をエネルギーとして使うメリットはなんでしょうか？

温室効果ガスを排出しないことに加え、**水や石油など**さまざまな資源から製造できることです。さらに**電気だけでなく熱としても利用**できたり、関連技術について日本が高い競争力を持つことなども挙げられます。

カーボンニュートラルへの貢献やエネルギー自給率の向上に加え、産業競争力の高さも魅力なんですね。デメリットのほうはどうですか？

現状では、天然ガスなどの化石燃料と比べると**製造コストが高い**ことがあります。また、新たに**インフラの整備やサプライチェーンの構築**が必要で、さらに**安全性の問題**なども抱えています。

都市部では**水素ステーション**を見かけたりしますが、これからどんどん広がって、水素の普及につながるといいですね。

水や石油など
他にも天然ガス、メタノール、エタノール、下水汚泥、廃プラスチックなどから製造できる。さらに製鉄所や化学工場のプロセスの中でも副次的に水素が発生する。

水素ステーション
燃料電池自動車（FCV）などに対し、燃料である水素を供給する設備がある場所。都市部を中心に徐々に整備されつつある。

水素エネルギー利活用の3つの視点

水素エネルギーを利活用することで、環境、エネルギーセキュリティ（安全保障）に加え、産業競争力の強化（日本は高い技術力がある）につながることが期待されています。

環境
- 高効率エネルギー利用
- 低碳素化

エネルギーセキュリティ
- エネルギー調達多様化

産業競争力
- 高い技術力
- 知財・ノウハウ蓄積

出典：資源エネルギー庁『「水素エネルギー」は何がどのようにすごいのか?』をもとに作成

水素エネルギーのメリットとデメリット

メリット	デメリット
• さまざまな資源からつくることが可能 • エネルギーとして利用しても温室効果ガスを出さない • 電気だけでなく熱としても利用できる • 再エネの出力変動対応への貢献	• 現状では製造コストが高い • サプライチェーンの構築が必要 • インフラの整備、拡充が必要 • 安全性

水素を利活用していく水素社会の構築のため、政府は「水素基本戦略（→ P96）」などを策定し、デメリット＝課題を乗り越えるために政府で取り組むことを決めています。

グリーン水素とは

水素エネルギーのつくり方と種類

水素はつくり方によって「色分け」されます。どんな種類があるのでしょうか。

水素はどのようにつくられているのでしょうか？

現在は、石炭や天然ガスなど**化石燃料から水素をつくる方法**が主流です。ただし、コストが抑えられる反面、**製造過程の中で温室効果ガスが排出**されてしまいます。

それでカーボンニュートラルに貢献できるのでしょうか？

十分ではないので、**排出された温室効果ガスを回収、貯留する方法**を組み合わせたり、再エネを利用して**水の電気分解**により製造する方法が期待されています。

エネルギーの脱炭素化のために水素を使うのであれば、当然、その製造過程でも温室効果ガスの排出を抑える必要がありますね。

そのとおりです。ただ、**製造コストが膨れ上がるため、コスト削減の取り組みが必要**です。

化石燃料から水素をつくる方法
化石燃料を燃焼させてガス化し、そのガスの中から「改質」と呼ばれる製法により水素を取り出す。従来から広く工業分野で利用されている方法。

水の電気分解
水（H_2O）を電気分解することで、水素（H_2）と酸素（O_2）を取り出すことができる。しかし、膨大な電気が必要で、再エネの利用や水電解装置の開発が重要とされている。

水素はつくり方によって色分けされる

水素はその製造方法によって3つの色に分けられます。水素自体には色はありませんが、つくり方で区別するためのもので、現在製造されている水素は多くが「グレー水素」と呼ばれています。

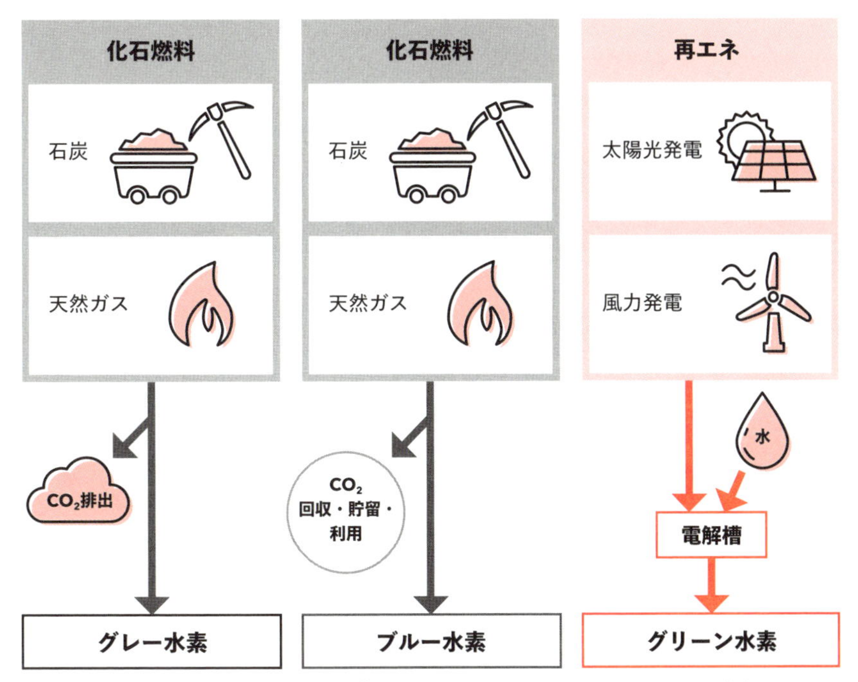

出典：資源エネルギー庁『次世代エネルギー「水素」、そもそもどうやってつくる?』をもとに作成

＼ 用語解説 ／

グレー水素
天然ガスなどの化石燃料から製造される水素。製造過程で温室効果ガスが排出される。

ブルー水素
化石燃料から製造されるが、発生する温室効果ガスを回収・貯留する製法でつくられた水素。

グリーン水素
再エネ由来の電気を使い、水を電気分解して得られた水素。製造過程で温室効果ガスを排出しない。

カーボンニュートラル実現のためには、温室効果ガスを排出しない「グリーン水素」の普及が鍵を握ります。

福島と山梨から世界へ！

実証が進められる グリーン水素

グリーン水素をつくるための水電解装置の実証が、自治体と企業により進められています。

>>> 世界最大級の水素製造施設「福島水素エネルギー研究フィールド（FH2R）」

グリーン水素による水素エネルギーシステムの構築に向けた取り組みが、政府支援のもと、自治体と企業によって進められています。その具体例として福島県と山梨県の取り組みを見てみましょう。

福島県浪江町に整備された「福島水素エネルギー研究フィールド（FH2R）」では、世界最大級となる10MW（メガワット）の水電解装置を用いた実証が進められています。

FH2Rは、国立研究開発法人新エネルギー・産業技術総合開発機構（NEDO）、東芝エネルギーシステムズ、東北電力、岩谷産業が2018年から建設を進め、2020年2月に完成し、稼働を開始しました。

FH2Rに設置された水電解装置（アルカリ型）は、敷地内にある太陽光発電の電力を活用して、水の電気分解を行い、1時間当たり1,200N㎥の水素を製造することが可能です。これは1日の水素製造量にすると、一般家庭約150世帯分（1か月）の消費電力量に相当します。製造された水素は、福島県や東京都などに供給され、実際に燃料電池車などに使用されています。政府は、2026年度から本格的な水素供給を開始し、商用化を進める方針です。

またグリーンイノベーション基金の活用により、水電解装置の技術開発も進められており、さらなる大型化やコスト削減を目指し、旭化成などが取り組みを進めています。

>>> 山梨から広がる「やまなしモデルP2Gシステム」

山梨県では、2011年に米倉山に10MWの太陽光発電を設置し、2021年6月から2.3MWの水電解装置（固定高分子形）の実証実験を開始しています。

2022年2月、山梨県企業局は、東京電力ホールディングス、東レとともに「やまなしハイドロジェンカンパニー（YHC）」を設立し、水電解装置で製造した水素を貯蔵・利用する「Power-to-Gas（P2G）」のサービスを実施。県内をはじめ国内市場に幅広く普及させる方針です。

また、グリーンイノベーション基金の活用により、固体高分子形水電解装置の大型化や低コスト化などの技術開発が進められています。

アルカリ水電解装置と固体高分子形水電解装置

本文に出てきた水電解装置とは、水を分解して水素を発生させる装置のこと。これには種類があり、福島県ではアルカリ水電解装置、山梨県では固体高分子形水電解装置を使用した実証が行われています。

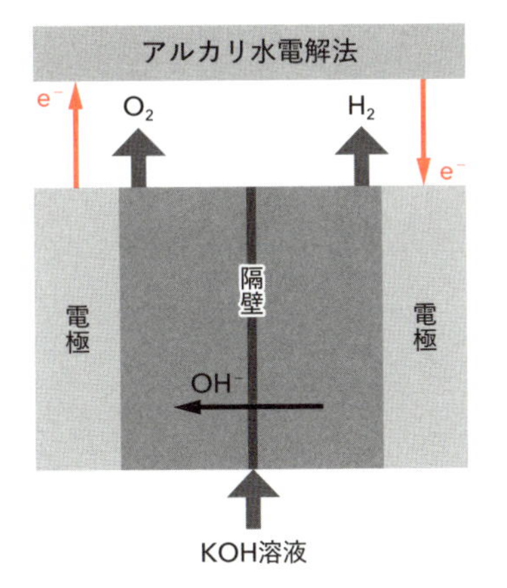

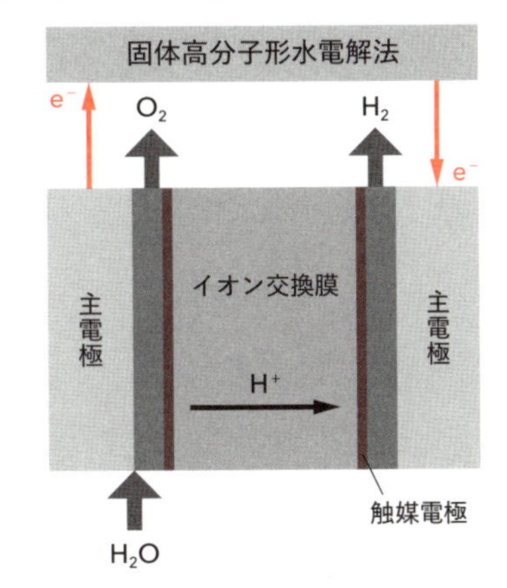

出典：国立研究開発法人新エネルギー・産業技術総合開発機構「NEDO水素エネルギー白書」をもとに作成

アルカリ水電解装置の仕組み

水酸化カリウム（KOH）の水溶液を電気分解して水素を製造する。高効率で低コスト、大型化しやすい特徴がある。

固体高分子形水電解装置の仕組み

電極と電極の間にPEM（Polymer Electrolyte Menbrane）と呼ばれる固体高分子を用いて、水を電気分解して水素を製造する。小型化しやすいことや、再エネなどの電力の変動に対する柔軟性が高い（負荷変動範囲が広い）ことが特徴。

福島県や山梨県がモデルとなって行っている水素社会実現に向けた取り組みが、国内や海外へ拡大していくことが期待されます。

活用例

水素エネルギーをどう使う?

水素はエネルギーとしてどのように活用されるのか理解しておきましょう。

燃料電池自動車の燃料には、たしか水素が使われているんですよね？

そうですね。燃料電池は、水素と空気中の酸素を化学反応させることで、電気をつくり出すものです。

水の電気分解と逆の反応ですね。家庭で使う**エネファーム**も燃料電池が使われていますよね。

はい。エネファームは、都市ガス中のメタンから水素をつくり、酸素と化学反応させ、電気や熱をつくるものですね。

すでに水素は身近なものにエネルギーとして使用されているんですね。

そうですね。今後も火力発電所や鉄鋼業、石油化学産業など、利用先は拡大していくでしょう。さらに、合成燃料や合成メタンの原料としての用途も期待されています。

燃料電池自動車
燃料電池を搭載し、電気をつくり出してモーターにより走る自動車。略称はFCV（Fuel Cell Vehicle）。充電を必要とせず、CO_2を排出しない特徴がある。

エネファーム
エネファームは、近年急速に普及し、今後もカーボンニュートラルの実現や災害時の電源・熱源用のため、導入拡大が見込まれている。

さまざまな場所で利用が期待される水素

従来は石油精製や液体水素ロケットなど主に産業部門において使用されてきた水素。現在は燃料電池自動車・バスや家庭用燃料電池（エネファーム）などにも使われ、身近なものになっています。今後は水素発電は水素エンジン航空機など、さらに利活用されるシーンが増えることが予想されています。

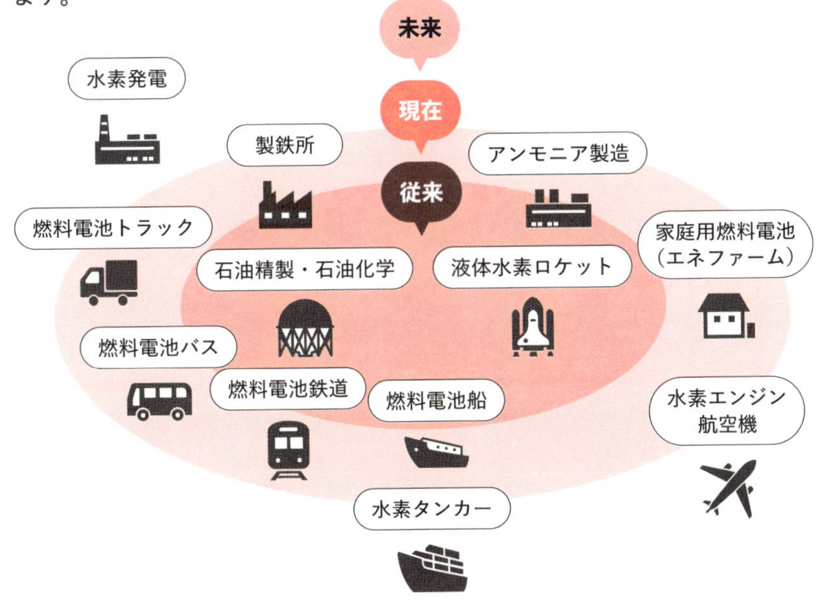

出典：環境省「脱炭素化にむけた水素サプライチェーン・プラットフォーム」を参考に作成

その他にも、エネルギー貯蔵手段や合成燃料、合成メタンの製造などにも活用される見通しです。

CO_2と水素からつくる「合成燃料」とは？

合成燃料とは、CO_2と水素を合成して製造される燃料のこと。特にグリーン水素とCO_2から製造したものをe-fuel（イーフューエル）と呼びます。

【特徴】

- ガソリンや軽油と同じように使える。
- 液体燃料なので、「エネルギー効率」（重量や体積当たりのエネルギー量）が高く、運搬・供給・備蓄がしやすい。
- 実用化にはコスト低減や量産技術の確立が必要。

アンモニア燃料

アンモニア燃料とはなんだろう?

脱炭素化のため、水素だけでなく、アンモニアにも期待が集まっています。

水素とあわせて、**アンモニア**も脱炭素エネルギーとして注目されていますね。

そうですね。アンモニアは脱炭素化に貢献する「燃料」として期待されています。

アンモニアといえば、あのツーンとしたにおいがする物質ですよね？　燃料になるんですか？

はい。**石炭のように燃焼し、CO_2を排出しない特長**があります。また、**既存のインフラを活用しやすい**点や、水素を効率的に運ぶ**キャリア**としてのメリットもあります。

アンモニアはどうやってつくられるのでしょうか？

現状では、天然ガスなどから製造された**水素を原料**としてつくられます。ただ脱炭素化のためには、再エネ由来の水の電気分解で得られた水素により製造されることが期待されています。

アンモニア
特有の「刺激臭」があり、水素と窒素から構成される物質。従来より、畑の肥料や化学製品の基礎材料などに利用されてきた。日本では消費量の8割を国内生産で賄っている。

キャリア
水素は液化して大量輸送しにくいため、アンモニアに変換してから輸送し、利用場所で水素に戻すなど、効率よく輸送することが求められている。

アンモニア燃料のメリット&デメリット

新しいエネルギーとして注目されるアンモニア燃料。そのメリットとデメリットにどんなものがあるのか知っておきましょう。

メリット	デメリット（課題）
• CO_2を出さずに、石炭のように燃料として燃やすことができる	• 安定的な量の確保が難しい（石炭火力に利用するには現状の生産量では不足）
• 水素を効率的に輸送・貯蔵する「水素キャリア」としても有用	• 現状ではコストが高い（石炭火力での利用時など）
• 生産、運搬、貯蔵技術がすでに確立しているため、既存のインフラを活用しやすい	• 化石燃料由来の水素を使用する場合、その製造過程でCO_2が排出される

アンモニアのつくり方

現在、アンモニアの原料となる水素は、主に天然ガスなどの化石燃料由来のものが使用されていますが、再エネ由来のグリーン水素（→P83）の活用が期待されています。

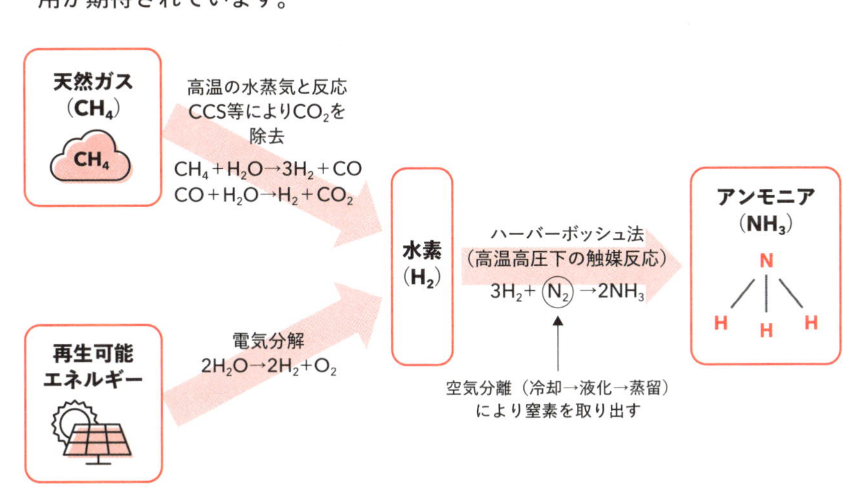

出典：資源エネルギー庁「アンモニアが“燃料”になる?!（前編）～身近だけど実は知らないアンモニアの利用先」をもとに作成

アンモニアの活用

アンモニア燃料は何に使える?

燃料として期待されるアンモニアは、どんなところで活用されるのでしょうか。

CO_2を排出しないアンモニア燃料は、火力発電での活用が期待されていると聞きました。

そうですね。**石炭火力発電のボイラーにアンモニアを混ぜて燃焼させる火力混焼**の技術開発が進められています。同様に、**ガスタービン発電でアンモニアを直接燃焼する活用法**も検討されています。

燃料をアンモニアに置き換えることで、どれくらいのCO_2の削減が期待できるのでしょうか?

国内大手電力会社の石炭火力発電所で、**20%**のアンモニア混焼を行った場合、**CO_2排出削減量は約4,000万トン**にもなると試算されています。

それはかなり効果がありますね。

他にも、**船舶の燃料**や鉄鋼業や化学工業などの製造プロセスで**必要な熱**を得るために、アンモニアの活用が期待されています。

20%
20%の混焼に必要なアンモニア量は約2,000万トンといわれるが、これは現在の世界のアンモニア輸出入量とほぼ同じ量となる。

必要な熱
多くのメーカーでは、材料や部品を熱によって加工する工業炉を使用し、ここで日本の約17%のエネルギーが使われているといわれている。

「燃料」として期待されるアンモニアの活用例

これまでは肥料など限られた用途しかなかったアンモニアですが、今後は燃料としてさまざまな用途で使われることになりそうです。

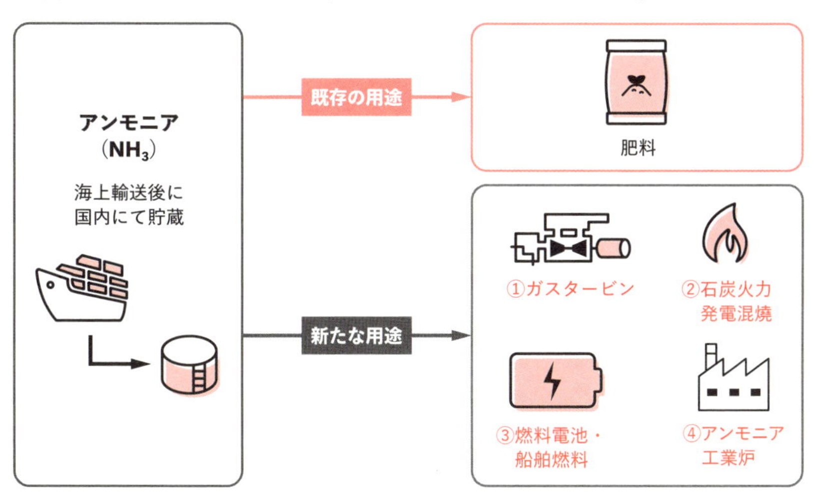

出典：国立研究開発法人新エネルギー・産業技術総合開発機構「アンモニアを燃料としてカーボンニュートラルの実現に貢献!」を参考に作成

①ガスタービン

火力発電所では液化天然ガス（LNG）などを燃やしてガスを発生させ、ガスタービンを回して電気をつくることもしています。この燃をアンモニアにかえると、CO_2の排出をなくすことができます。

②石炭火力発電混焼

アンモニアは、石炭や石油、液化天然ガスと置き換えることが可能で、CO_2を削減する効果が期待されています。火力発電の中でも発電量の多い石炭火力発電とアンモニア燃料は相性がよいといわれています。

③燃料電池・船舶燃料

水素の代わりにアンモニアを使用した燃料電池を京都大学が中心になって研究開発中。また、輸出入に使う船舶の燃料は、主に液化天然ガスが使用されています。液化天然ガス船の設備をアンモニアに転用できる可能性が高く、実証が進められています。

④アンモニア工業炉

鉄鋼や化学工業などで使用される工業炉で、必要な熱エネルギーを得るためにアンモニアが活用できる可能性があります。

アンモニアを燃料として使う場合、現状の生産量では足りません。燃料アンモニアの安定したサプライチェーンを構築していくことが実用化への課題です。

合成メタン

合成メタンについて覚えよう！

水素と CO_2 からつくられる合成メタン。ガスの脱炭素化が期待されています。

生活に身近なエネルギーである**ガス**は、天然ガスを原料としているので、使用すると CO_2 が排出されます。そこで近年、注目を集めるのが「**合成メタン**（e-methane）」です。**合成メタンは、水素と CO_2 から合成されるもの**です。

合成メタンも燃焼時には CO_2 を排出しますが、**原料に CO_2 を使うので、CO_2 の排出は実質ゼロ**になるわけですね？

そのとおりです。さらに、既存の都市ガスのガス管を利用できるので、**導入コストを抑えられるメリット**もあります。もともとガスは、災害の影響を受けにくいとされ、停電時などに電気以外のエネルギーがあると安心です。

今後もガスは、給湯や暖房など熱をつくるのに欠かせませんので、脱炭素化を進めていかなければなりませんね。

はい。ガス会社などで、合成メタンの**実用化に向けた動き**が活発化しています。

ガス
ガスは暖房や高温加熱など熱需要の供給に欠かせないもの。日本の消費エネルギーの約6割を占め、脱炭素化が急務。

合成メタン
都市ガスの90%が合成メタンに置き換わると、年間約8,000万トンの CO_2 削減効果がある（日本ガス協会による試算）。

実用化に向けた動き
東京ガスや大阪ガスなど、複数の企業が合成メタンの供給や需給のための取り組みを進めている（→ P99）。

ガスの脱炭素化に貢献する「合成メタン（e-methane）」とは？

合成メタンとは、水素とCO_2から合成されるメタンです。特にグリーン水素などを原料としたものを「**e-methane**」（イーメタン）と呼びます。また、このようにメタンを合成することを「**メタネーション**」といいます。

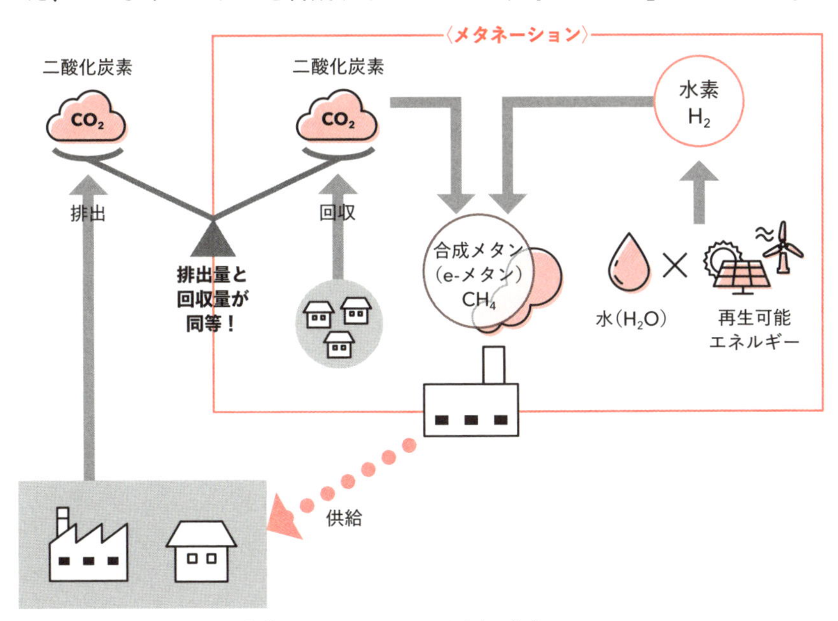

出典：一般社団法人日本ガス協会「メタネーションとは」を参考に作成

合成メタンの特徴

特徴①
CO_2を原料とするため、CO_2削減に貢献する。

特徴②
液化天然ガスの主成分もメタンなので置き換えが可能。

特徴③
既存の都市ガスのインフラが活用できる。

特徴④
実用化に向けては、コスト低減や設備の大型化が課題。

政府のグリーン成長戦略では「2030年までの利用開始」「既存インフラへの合成メタン1%注入、2050年までに90%にする」という目標を掲げています。また、供給コストは、2050年までに現在の液化天然ガスの価格と同水準を目指すとしています。

実用化に向けた課題とは？

水素の実用化には「つくる」「ためる・はこぶ」「つかう」の構築が重要です。

アンモニアや合成メタンも水素を必要としますが、水素の実用化に向けた課題はなんでしょうか？

水素社会実現のためには、**水素を大量に、安定的に、低コストに供給すること**が必要です。そのためには、技術開発を進めていくとともに、水素のサプライチェーンを構築していくことが重要です。

水素のサプライチェーンとは何ですか？

水素の「**つくる**」「**ためる・はこぶ**」「**つかう**」までの**一連の流れ（サプライチェーン）**を意味します。実用化には、国内外でのサプライチェーンの構築が重要です。

サプライチェーンの各段階で、脱炭素化とコスト低減の取り組みを進めなければなりませんね。

そうですね。また水素の需要を創出していくにあたっては、水素の活用が本当に脱炭素につながるかという視点が不可欠です。

「つくる」
水素製造時の CO_2 排出量と製造コストを抑えていくことが求められる。

「ためる・はこぶ」
水素を大量に運搬するには液化（マイナス253度）が重要。他の運搬手段として、メチルシクロヘキサン（MCH）やアンモニアなどに変換する水素キャリアが有望。

「つかう」
水素を大量につかう需要の創出が不可欠。輸送、発電、産業、各々で技術開発が進められている。

実用化に向けたサプライチェーンの構築

水素の実用化に向けては、「つくる」「ためる・はこぶ」「つかう」という一連の流れ（＝サプライチェーン）を構築する必要があります。供給側だけでなく、需要側の創出も不可欠です。

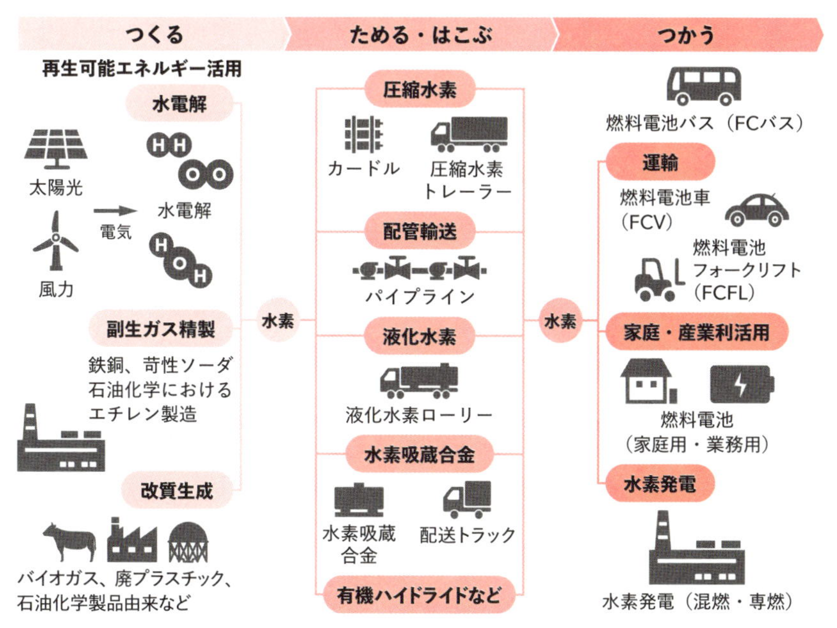

出典：国立研究開発法人新エネルギー・産業技術総合開発機構「水素が次世代エネルギー社会を切り拓く！」をもとに作成

現実的な利用法を考える「水素ラダー」

マイケル・リープライヒ氏が構想した「水素ラダー」では、水素の利用先の重要度をランク付けしています。水素は幅広い分野で利用可能ですが、脱炭素化を目指すには、利用先について十分考えることが重要だという考えです。

ポイント：代替手段なし　電気／バッテリー　バイオマス／バイオガス　その他

水素利用が避けられない

ランク	利用先
A	肥料、水素化、メタノール、水素化分解、脱硫
B	運送、オフロード車、製鉄、化学原料、長期保存
C	長距離航空機、遠隔車両、沿岸・河川船舶、ビンテージ車両、地球のCO_2浄化
D	中距離空機、長距離トラックと長距離バス、高温工業用熱源
E	短距離航空機、ローカルフェリー、業務用暖房、局の送電網、クリーンパワーの輸入、UPS
F	軽航空機、田舎の車両、地域トラック、中低温工業用熱源、家庭用暖房
G	地下鉄・バス、水素燃料電池車、都市部の配送、2輪車・3輪車、バルク合成燃料、電力系統の調整

水素の競争力がない

出典：シュローダー「水素とネットゼロ－どの役割が現実的でどの役割が非現実的か？」をもとに作成

政府方針

日本政府の取り組み

日本は世界に先駆け「水素基本戦略」を策定。政策の方針を見てみましょう。

水素社会の実現に向け、日本政府はどのような方針を打ち出していますか？

政府は「**水素基本戦略**」を策定し、**水素社会実現に向けた課題や取り組み方針**についてまとめています。

具体的にはどのような内容でしょうか？

国内の水素・アンモニアの導入量の目標が掲げられています。現状では200万トンであるのに対し、**2030年は300万トン、2050年には2,000万トン**としています。

課題であるコストはどうでしょうか？

現状の水素供給コストが**1N㎥**あたり100円程であるのに対し、**2050年までに20円以下**に下げる目標です。これは、現在の化石燃料の価格と同程度です。

これらの目標を達成するためには、官民一体となった取り組みがますます重要になりますね。

水素基本戦略
2023年6月6日に策定された国家戦略。2017年に世界で初めて策定し、その後、カーボンニュートラル宣言などを踏まえて、改定された。5年を目安に見直しされる予定。

1N㎥
1ノルマル立米と呼び、0度1気圧の標準状態での1㎥あたりの体積を表す。

「水素基本戦略」における主な方針

「水素基本戦略」は水素社会実現の加速化に向けた政府の方針。取り組みの方針や実現に向けた課題が明示されています。

- 安定的、安価かつ低炭素な水素等の供給
- 供給面や需要面での取り組み
- 大規模サプライチェーン構築の支援制度
- 国際連携、自治体との連携
- 革新的な技術開発の推進
- 水素産業戦略、水素保安戦略など

国内水素等の導入量の目標

時期	導入量
現在	200万トン
2030年	300万トン
2040年	1,200万トン
2050年	2,000万トン

水素基本戦略では水素に加え、アンモニア燃料、合成メタン、合成燃料なども対象範囲に含んでいます。

関連する水素等の政府の戦略や計画

グリーン成長戦略
(→P26)

グリーンイノベーション基金により、水素関連技術に約8,000億円を充て、商用化に必要な技術開発や実証を進める。

GX推進戦略（分野別投資戦略）
(→P34)

サプライチェーン構築への投資促進、企業の設備投資などへのGX先行投資支援（官民投資規模：約7兆円〜）を行う。

第6次エネルギー基本計画
(→P60)

2030年の電源構成の1%を水素・アンモニアで賄うことを規定。

「水素基本戦略」は下のURLから見ることができます。
https://www.meti.go.jp/shingikai/enecho/shoene_shinene/suiso_seisaku/pdf/20230606_2.pdf

3つのエネルギーをめぐる業界の取り組み

水素・アンモニア・合成メタンの実用化に向けた企業の取り組みを見てみましょう。

水素やアンモニア、合成メタンの実用化には、これまでにないような革新的な技術開発が期待されますね。

そうですね。政府は、グリーンイノベーション基金のもと**国家プロジェクト**による技術開発や実証を複数行っています。国内大手企業や**大学など**が連携しながら取り組みを進めています。

産学官での取り組みが、これからますます重要になりそうです。

そうですね。今後は、社会実装を念頭に、どのように**商用化につなげていくかが重要**です。また産業競争力を強化していくことで、国内だけでなく**海外市場も取り込んでいくことが大切**になります。

企業としては、新しいビジネスチャンスが生まれる可能性もあるので、今後の動向を注目していきたいですね。

国家プロジェクト
経済産業省所管のNEDO（国立研究開発法人新エネルギー・産業技術総合開発機構）により、プロジェクトへの支援や運営などが実施されている。

大学など
プロジェクトによって異なるものの、アンモニア関連では、東京大学、東京工業大学、大阪大学、九州大学、京都大学、東北大学など複数の大学がプロジェクトに参画している。

実用化に向けた企業の取り組み事例

グリーンイノベーション基金による国家プロジェクトに、複数の企業が参画しており、大学や自治体等と連携しながら実用化に向けた技術開発や実証を行っています。

〈水素〉

大規模水素サプライチェーンの構築

日本水素エネルギー、ENEOS、岩谷産業、川崎重工など

‖

水素輸送技術等の大型化・高効率化、液化などの技術開発による国際水素サプライチェーン技術の確立。

JERA、関西電力、ENEOSなど

‖

水素発電技術（混焼、専焼）を実現するための技術の確立。

〈アンモニア燃料〉

燃焼アンモニアサプライチェーンの構築

千代田化工建設、JERA、東京電力ホールディングス、出光興産など

‖

アンモニア製造新触媒の開発など、新しい製造方法や生産体制を確立し、アンモニア供給のコスト低減を目指す。

IHI、JERA、三菱重工など

‖

石炭ボイラやガスタービンにおけるアンモニア高混焼化・専焼化の技術開発や実証。

〈水素〉

再エネ等由来の水電解による水素製造

旭化成、日揮ホールディングス、東京電力ホールディング、東レ、日立造船、シーメンス・エナジー、三浦工業、加地テックなど

‖

水電解装置（→P84）の大型化技術等の開発。

〈合成メタン〉

CO_2等を用いた燃料製造技術開発

大阪ガス、東京ガス、IHIなど

‖

再エネ等から製造した水素と、発電所等から回収したCO_2から、効率的にメタンを合成する技術の確立に向けた技術開発。

COLUMN

水素って本当に安全なんですか？

次世代エネルギーとして大きな期待が集まる水素ですが、安全に利活用するために性質や管理について知っておきましょう。

水素社会の実現に向けた動きが進んでいますが、気になるのが「水素の安全性」ではないでしょうか？

水素と聞くと、爆発して危険なイメージを持つ方もいると思いますが、ガソリンや石油などと同様に「正しく扱えば安全」な物質です。

水素は空気（酸素）と混ざり、火元があると着火して、爆発を起こす危険があります。その一方で、水素は最も軽い気体で拡散されやすいため、滞留を防ぐことで安全に利用することができます。

また、水素の安全な利用のために、水素を使用する設備では、

①水素を漏らさない。
②漏れたら早期に検知し、拡大を防ぐ。
③水素が漏れてもたまらない。
④漏れた水素に火がつかない。
⑤万が一、火災等が起こっても周囲に影響を及ぼさない。

といった対策・管理がなされています。

「正しい理解」と「正しい使い方」があれば、水素を使うことを心配する必要はなさそうです。

水素をエネルギーとして利活用するために、その安全性についてもさまざまな機関、企業で研究が進められています。

第5章

核融合発電の基礎知識

究極のエネルギー

「核融合エネルギー」ってなんだろう?

究極のエネルギーといわれる「核融合エネルギー」。実現に向けた動きが加速しています。

最近、核融合エネルギー／核融合発電が注目されていますね。

そうですね。**昔から**核融合発電の研究は行われてきたものの、実現はできていませんでした。しかし近年、カーボンニュートラルの実現に向け、世界中で産業化に向けた研究が加速しています。

すみません。「核融合」ってなんですか？

核融合は、**原子核**同士を衝突させて融合させる反応で、その過程で**非常に大きなエネルギー＝核融合エネルギーが発生**します。

太陽や星を輝かせるエネルギーも、核融合反応によるものですよね。昔から「究極のエネルギー」ともいわれています。

すごいエネルギーのようですが、核融合発電は温室効果ガスは排出しないんですか？

はい。核融合発電は化石燃料を燃料とせず、**温室効果ガスを排出しません。**

昔から
核融合は100年以上前に発見され、以降、研究が続けられてきたが、現在まで核融合エネルギーによる発電には至っていない。

原子核
原子核は、原子の中心部分に位置し、陽子と中性子から構成される。なお、通常の水素原子（軽水素）は中性子はない。

核融合とは？

核融合とは、軽い原子核同士を衝突させて、より重い原子核に変えること。原子核同士を融合させることで非常に大きなエネルギーが発生します。

核融合反応のイメージ

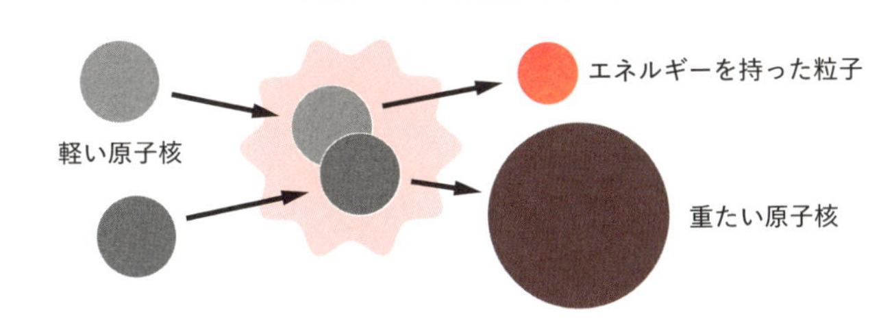

原子と原子核のイメージ

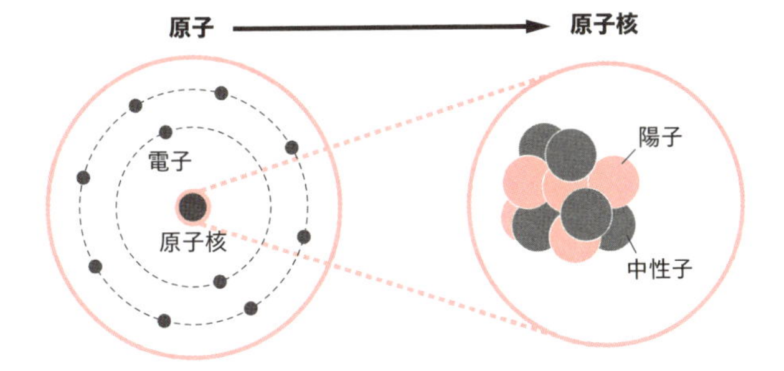

核融合エネルギーの産業化に向けた動き

核融合エネルギーとそれを生む核融合発電の実現に向けた動きが国内外で進んでいます。その主なものを3つ紹介します。

1 超大型国際プロジェクト「ITER計画」の核融合実験炉が2025年に運転開始予定（→P114）。

2 諸外国で政府主導による核融合の産業化への取り組みが加速し、核融合ベンチャー投資が急拡大（→P116）。

3 日本は国家戦略「フュージョンエネルギー・イノベーション戦略」を2023年4月に策定（→P118）。

核融合発電の実現に向けて、国際協調から国際競争の時代に突入しつつあります。

核融合の特徴

核融合エネルギーにはどんなメリットがある?

核融合エネルギーにはどんなメリットがあるのかを詳しく解説します。

核融合から得られるエネルギーにはどんな特徴があるのでしょうか?

多くのメリットがありますが、まず発電の際に温室効果ガスを排出しないため、エネルギーの脱炭素化が可能です。また、**わずかな燃料から膨大なエネルギー**が得られるうえ、その燃料となる重水素や三重水素(トリチウム)も**海水中に豊富**にあります。

燃料が**海水中**から得られるのであれば、**エネルギー自給率の向上**にもつながりますね。

ちなみに「膨大なエネルギー」とはどれくらいのイメージでしょうか?

燃料1gから、タンクローリー1台分の石油に相当するエネルギーが得られると言われています。**技術的なハードル**は非常に高いですが、実現すれば地球環境問題とエネルギー問題が同時に解決するかもしれませんね。

海水中
資源の偏在性を解消できる一方、エネルギーの覇権が資源ではなく技術を保有するものに移り、核融合技術の獲得がエネルギー安全保障上重要となる。

技術的なハードル
日本は技術的優位性があり、他国にとっても有力なパートナー候補である。しかし、技術提供だけで産業化に遅れると、市場競争に敗れるリスクがある。

核融合エネルギーのメリット

①カーボンニュートラルに貢献する

核融合エネルギーは発電の過程で温室効果ガスを排出しないため、エネルギーの脱炭素化が可能である。

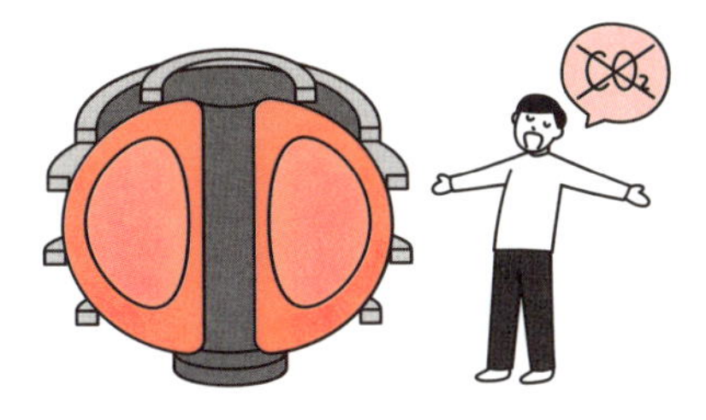

②膨大なエネルギーが得られる

核融合エネルギーは、燃料1gからタンクローリー1台分の石油（約8トン）に相当するエネルギーが得られる。

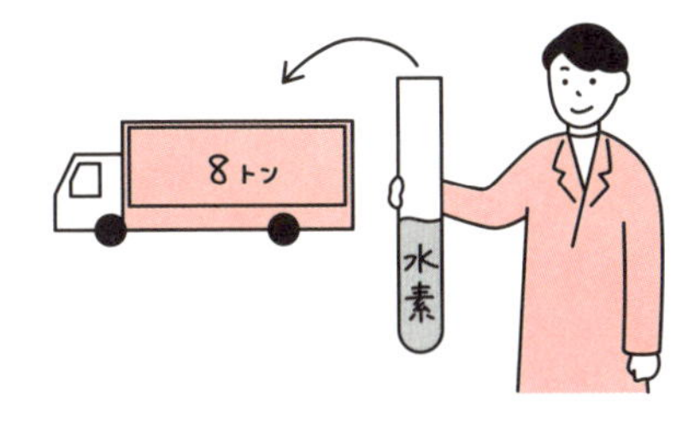

③燃料資源がほぼ無尽蔵

燃料は海水中に豊富に存在する重水素などで、ほぼ無尽蔵。核融合エネルギーも無尽蔵に生成することができる。

④エネルギー自給率向上に貢献

大部分を輸入に頼る化石燃料を使用せず、海外情勢にも左右されないため、エネルギー安全保障の確保につながる。

⑤安全性が高い

核分裂を使用する原子力発電とは異なり、制御不能による暴走リスクが少ない（→P110）。

⑥高レベル放射性廃棄物が出ない

原子力発電で発生する高レベル放射性廃棄物が、核融合発電では出ない（→P110）。

技術的なハードルが高い核融合発電ですが、実現できれば、多くの恩恵が得られる核融合エネルギーを生み出すことができます。

原料と仕組み

核融合エネルギーの原料と仕組み

核融合の原料は重水素と三重水素。これらを衝突させて核融合反応を起こします。

核融合の燃料は海水中に豊富にあるとのことですが、どんな物質でしょうか？

重水素と**三重水素**と呼ばれる水素の一種で、それぞれ海水から生成できます。これらの原子核を衝突させて核融合反応を起こすのですが、それには**プラズマ**にする必要があります。

プラズマとはなんですか？

プラズマとは原子核と電子が分かれて、自由に飛び回っている状態です。プラズマにするには約1万度以上に加熱しますが、核融合反応を起こすには、さらに1億度以上にする必要があります。

1億度ですか⁉

はい。核融合反応を起こし、効率よくエネルギーを得るためには、**超高温のプラズマをいかに制御できるかが重要**です。

重水素
デューテリウムと呼ばれ、通常の水素（軽水素）とは違い、1つの中性子を持つ。海水中に存在する重水（重水素と酸素が結合した水）から製造する。

三重水素
トリチウムと呼ばれ、2つの中性子を持つ水素。リチウム（海水中にも存在）から製造される。弱い放射能を持つ。

プラズマ
固体、液体、気体とも異なる第4の状態と言われ、原子核と電子が分かれて自由に飛び回っている状態。オーロラや稲妻、蛍光灯などもプラズマの一種。

核融合反応の仕組み

核融合反応とは軽い原子核同士が融合して、より重い原子核にかわることをいいます。核融合エネルギーの場合は水素の一種である重水素と三重水素の原子核同士を衝突させることで、ヘリウムや中性子ができます。原子核はプラスの電気を帯びているため、通常では反発しあって衝突しません。そこで、この反発する力に打ち勝って衝突させるため、1億度以上のプラズマにして、ものすごい速さで原子核同士を衝突させます。

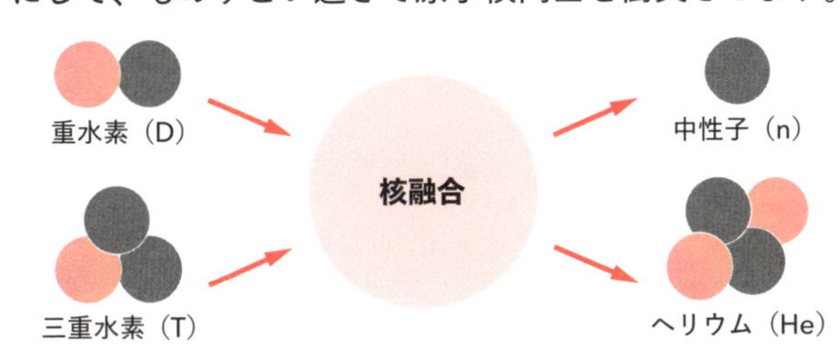

出典：国立研究開発法人 量子科学技術研究開発機構「誰でも分かる核融合のしくみ 核融合とは?」をもとに作成

核融合反応の鍵を握る「プラズマ」

核融合反応により効率的にエネルギーを発生させるには、超高温のプラズマを維持し、原子核同士の衝突が起こりやすい状態を保つことが重要です。具体的には、次の条件（ローソン条件）①1億度以上の高温、②密度を高める（1ccに原子核100兆個以上）、③閉じ込め時間を長くする（1秒以上）をすべて同時に満たさなければなりません。

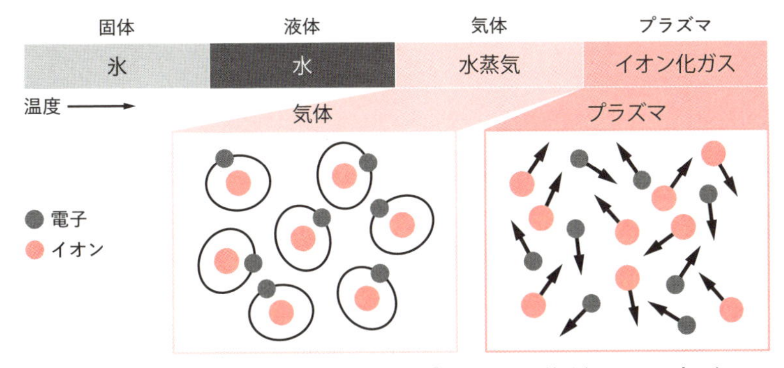

出典：国立研究開発法人 量子科学技術研究開発機構「誰でも分かる核融合のしくみ プラズマって何?」をもとに作成

気体よりも高温になると、原子核の周囲を回っている電子が取れ、原子は正の電荷を持つイオンと負の電荷を持つ電子に分かれます。この2つが高速で不規則に運動している状態をプラズマといいます。

核融合と核分裂

「核分裂」による原子力発電との違い

従来からの原子力発電は「核分裂」反応によるもの。核融合との違いはなんでしょうか。

「核」と聞くと、従来からある**原子力発電**を思い浮かべますが、核融合とは別のものですよね？

はい。まったく違うものです。すでにある原子力発電は「**核分裂**」によるものです。核分裂とは原子核が分裂する反応で、核分裂の際に大きなエネルギーが発生します。

核分裂による原子力発電では、燃料の**ウラン**やプルトニウムが核分裂して、次々と連鎖反応を起こすため、この連鎖反応を制御しながら運転を行うのですよね？

そうです。一方、核融合は、原子核同士の衝突により反応が起こり、**超高温のプラズマを維持しなければ、反応が停止**します。

なるほど。同じ核でも全然違うものなのですね。

核分裂も核融合も原子の力を使った原子力ではありますが、使う燃料も起きる反応もまったく違います。

原子力発電
日本では現在12基の原子力発電所が稼働中(2024年4月時点)。東日本大震災発生以後、複数の原発が停止しているが、政府は新規制基準への適合などを見ながら再稼働する方針。

ウラン
ウランには中性子の数が異なるウラン235とウラン238がある（同位元素：アイソトープ）。ウラン235は核分裂しやすく、ウラン238は核分裂しにくい。燃料には天然ウラン（238を多く含む）が使用される。

原子力発電で活用される核分裂反応

核分裂は、ウランなどの重い原子核が分裂する反応で、核分裂の際に大きなエネルギーが発生します。特徴は、核分裂によって発生した中性子が、別の原子核を核分裂させるという連鎖反応を起こすことです。従来からある原子力発電所では、この連鎖反応を制御しながら運転を行っています。

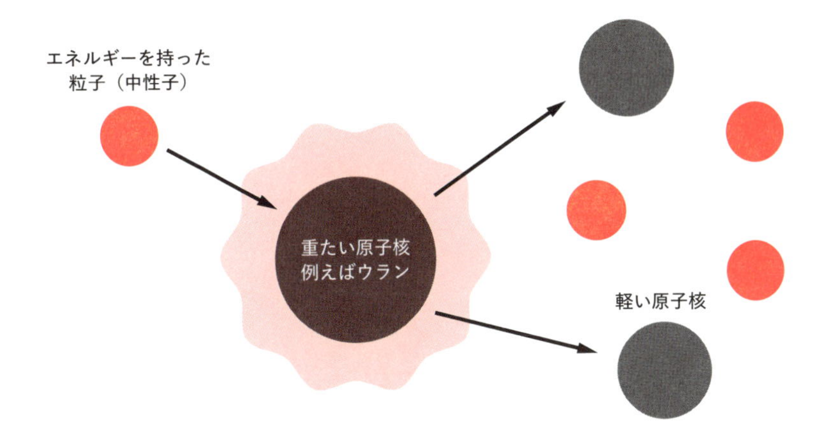

「核分裂」と「核融合」の特徴

「核分裂」と「核融合」はどちらも「核」が付くので似ているものと思われがちですが、燃料・特徴ともに大きく異なります。

	核分裂	核融合
燃料	ウラン・プルトニウム	重水素・三重水素
特徴	原子核の分裂により反応が起こる。中性子による連鎖反応を制御する必要がある。	原子核同士の衝突により反応が起こる。プラズマの発生等を維持する必要がある。

同じ原子力でも反応の仕組みは全く異なります。核分裂は一度反応すると連鎖的に進むのに対し、核融合は条件を維持しないと反応を続けることができません。

安全性と
廃棄物

核融合の安全性と廃棄物

核分裂による原子力発電に比べ、核融合は高い安全性があります。その理由とは？

核融合発電は、従来からの原子力発電（核分裂）と比べて、**安全性が高い**と聞きました。

そうですね。核融合では、核分裂反応のように**制御不能となって暴走することはありません。** 燃料の供給や電源の停止によって、核融合反応は止まるからです。

核融合は、そもそも反応を維持することが難しいのですよね。

核融合反応では、原子力発電のように、**高レベル放射性廃棄物**は発生するのでしょうか？

発生しません。核融合反応で発生する中性子の影響で、核融合炉の構造物が放射能を持つようにはなりますが、**高レベル放射性廃棄物にはなりません。** 高レベル放射性廃棄物の場合、処分期間が約10万年かかりますが、核融合で発生する廃棄物は100年ほどの処分期間で済むといわれています。

安全性が高い
核融合反応には非常に極端な条件が必要なため、制御不能に陥ることはない。一部報道によると、国際原子力機関（IAEA）でも「本質的には安全」との見解を示している。

高レベル放射性廃棄物
原子力発電所で使用した燃料（使用済燃料）は再処理後にリサイクルされるが、リサイクルできない廃液が高レベル放射性廃棄物に該当する。地層処分される。

安全性が高い核融合発電

核融合は、本質的に安全なものとされています。その理由として、核分裂のように制御不能のリスクがないためです。核融合の場合、下図のように燃料の供給不足や過多、電源の停止により反応が止まるため、暴走しません（そもそも核融合は反応を維持するのが難しい）。また、燃料の三重水素や、核融合炉内の構造物（核融合反応により放射化）が放射能を持つため安全対策は必要ですが、仮に事故が起きた場合でも、広範囲に影響を及ぼすものではありません。

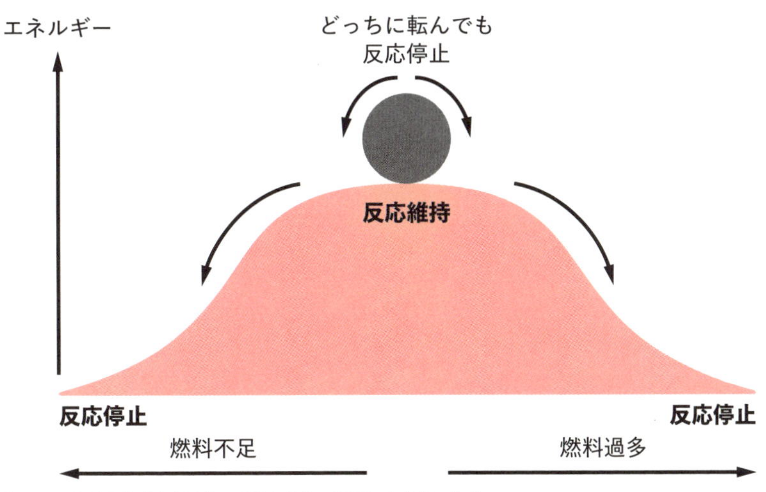

出典：原子力委員会「安全技術の現状と今後の課題」を参考に作成

1億度のプラズマで炉は溶けないの？

核融合炉内では1億度のプラズマを発生させますが、炉内の構造物は溶解しないのでしょうか？ 1億度に耐えられる材料はありませんが、実際の炉壁の温度は1,000度程と予測されており、炉が溶解することはありません。なぜなら、プラズマは磁場により浮いた状態で直接炉壁と接触しないためです。またプラズマの粒子の密度が非常に低いという理由もあります。核融合発電は耐熱の面でも問題ないようです。

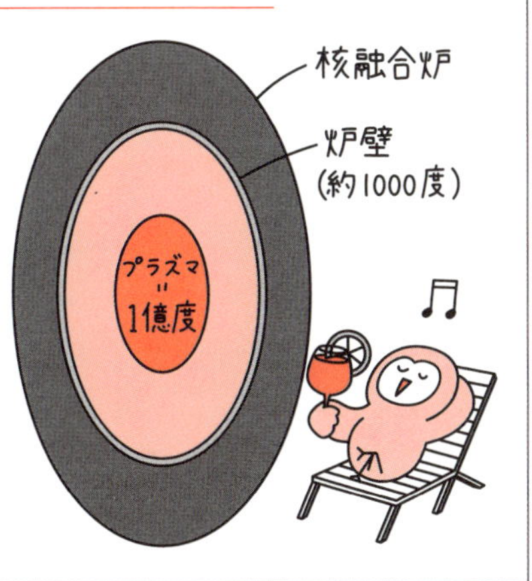

実現への課題

核融合発電の実現に向けた課題

核融合発電の実現のためにはどんな課題を解決する必要があるのでしょうか？

実現が期待される核融合発電ですが、実用化に向けての課題はありますか？

技術面では、**核融合反応をより効率よく安定的に続ける技術を確立**することです。経済性の面では、**核融合の研究開発や装置の建設に高額なコストがかかること**です。将来的には、費用対効果や発電コストの検証も求められるでしょう。

課題に対する取り組みは進んでいますか？

日本も参加する国際プロジェクト「**ITER計画**」が進められています。**参加極**の協力のもと、大型の核融合実験炉を建設し、実用化に向けた技術的な実証が行われる計画です。**2025 年の運転開始、2035 年の核融合運転**が計画されています。

運転開始までもうすぐですね！　ハードルは高いと思いますが、課題が解決され、早く実用化されるといいですね。

ITER計画
ITER は「イーター」と読み、ラテン語で道という意味。平和目的のための核融合エネルギーが科学技術的に成立することを実証するために、人類初の核融合実験炉を実現しようとする超大型国際プロジェクト。

参加極
日本、欧州、アメリカ、ロシア、中国、韓国、インドの 7 極。各々で費用や人材などを負担している。

核融合発電の実現に向けた主な課題

（1）技術的な課題	（2）経済的な課題
• 超高温のプラズマ（→P106）の制御 • 三重水素の効率的な増殖 • 発電効率の向上	• 研究開発や装置の建設にかかるコストが高額

核融合を起こせても、実用化するには効率よく安定的に核融合反応を続ける技術が必要です。

「ITER計画」のスケジュール

核融合発電の実現に向けては、まず科学技術的な実証が必要です。そのために、現在、国際協力によって核融合「実験炉」の建設を進めているのが「ITER計画」です。そこで得られた成果や経験を踏まえて、「原型炉」を設計建設し、発電の実証や経済性の向上を図っていきます。これらの実証を重ねた上で、最終的に実用化を目指していく流れとなります。

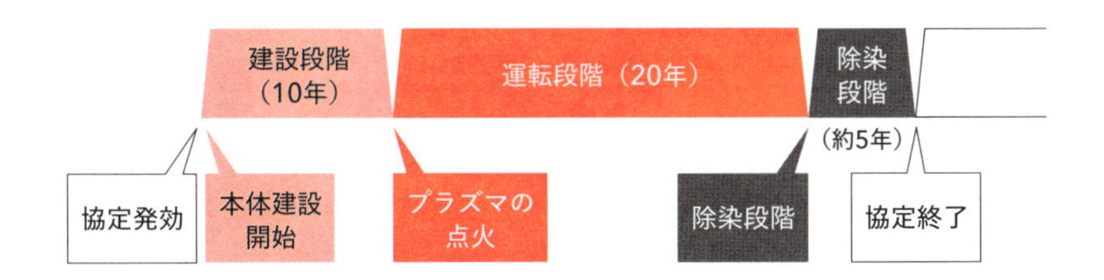

出典：国立研究開発法人 量子科学技術研究開発機構　ITER日本国内機関「ITERについて」をもとに作成

ITER計画については、次のページで詳しく紹介します。

第5章 核融合発電の基礎知識

ITER計画とは?

ITER計画の研究開発状況

世界の核融合発電の実現の鍵を握るITER計画とは、どんなものなのでしょうか。

>>> ITER計画の概要まとめ

ITER計画は、核融合エネルギーの実現に向けた国際約束に基づき、核融合実験炉ITERの建設や運転によって、核融合エネルギーの科学技術的実現性の確立を目指すことを目的としています。2007年にITER機構が設置され、同年からITERの建設が始まりました。

参加極	日本、欧州、アメリカ、ロシア、中国、韓国、インド
建設地	フランス、サン・ポール・レ・デュランス市(カダラッシュ)
計画スケジュール	運転開始=2025年12月、核融合運転=2035年12月
ITERの3つの目的	(1) **核融合燃焼の実証** 実際の燃料で核融合反応を起こし、入力エネルギーの10倍以上の出力エネルギーを400〜600秒持続する。 (2) **炉工学技術の実証** 核融合による燃焼に必要な工学技術を実証する。 (3) **核融合エネルギーの取り出し試験** 核融合による燃焼で発生する核融合エネルギーから熱を取り出す試験を行う。また、燃料である三重水素(トリチウム)の自己補給を行うための試験を行う。

ITER計画の詳細はITER日本国内機関のホームページから確認できます。
https://www.fusion.qst.go.jp/ITER/index.html

>>> ITER計画における日本の役割

ITERは、主半径6.2mのドーナツ型真空容器内にプラズマを閉じ込めて、核融合反応を起こします。真空容器の周りに配置された超伝導コイル(トロイダル磁場コイル等)による磁場と、プラズマ中に流れる電流との作用により、プラズマを閉じ込める方式です。日本は、他の加盟極とともに、ITERの主要機器の調達や人材派遣などに協力しています。

ITERにおける日本の役割のイメージ

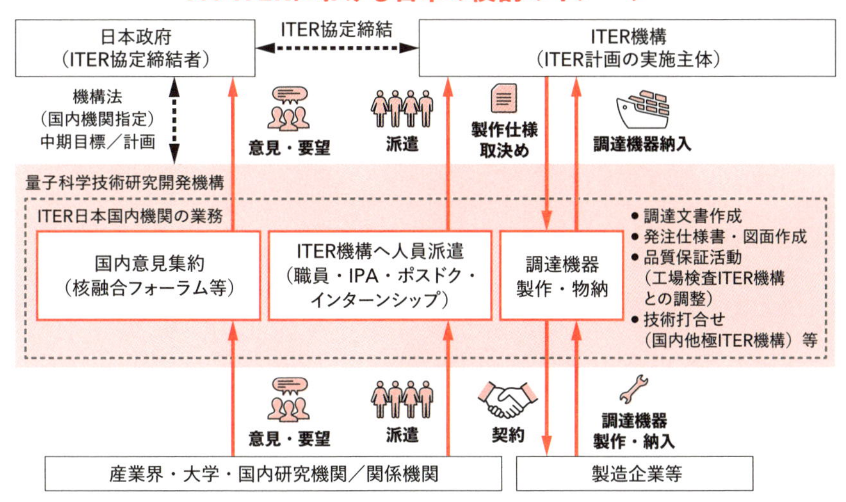

出典：国立研究開発法人 量子科学技術研究開発機構　ITER日本国内機関「ITER日本国内機関の役割」をもとに作成

ITER日本国内機関が中心になり、日本政府やITER機構、産業界や大学、企業などと連携してITER計画に協力を行っています。

核融合反応を起こす代表的な3つの方法

核融合炉は主に3つに分類されます。ITERやJT-60SA（→P118）は、磁場のかごによりプラズマを閉じ込める「トカマク型」が採用されています。他の方式としては、ねじれたコイルによりプラズマを閉じ込める「ヘリカル型」や、強力なレーザーで瞬間的に反応を起こす「レーザー方式」があります。

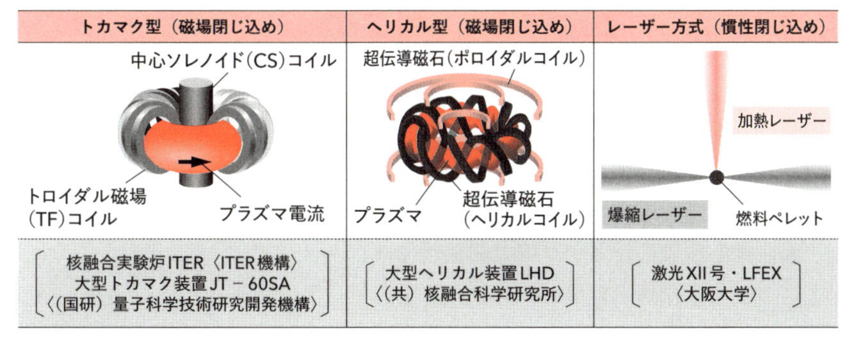

出典：文部科学省「核融合研究」をもとに作成

海外の動向

海外で加速する核融合の研究開発競争

諸外国で核融合の産業化への取り組みが活発になり、ベンチャー投資も急増しています。

核融合に対して、諸外国はどのような取り組みを行っているのでしょうか？

核融合エネルギーの産業化に向けた動きが活発化しています。アメリカやイギリス政府は、核融合エネルギーの産業化を目標とした国家戦略を策定し、**自国への技術の囲い込み**を始めています。

ITER計画で国際協力を進める傍ら、それぞれの国内でも産業化を推し進めているのですね。

はい。政府主導による動きもあり、**スタートアップ企業**などへの**民間投資が急増**しています。

政府や企業の研究開発状況は、どうでしょうか？

商用化を目指した核融合炉の開発が加速しています。核融合炉のタイプは、「トカマク型」「ヘリカル型」「**レーザー方式**」と各社でさまざまです。

スタートアップ企業
業界団体のFusion Industry Association（FIA）によれば、2022年までに30社以上が起業。特に米国では20社以上が起業した。

レーザー方式
アメリカのNational Ignition Facility、フランスのLaser Mega Joule、中国の神光III号などがある。日本では大阪大学が開発中（→P115）。

産業化への取り組み

アメリカ、イギリス、中国の核融合エネルギーの産業化に向けた主な取り組みを紹介します。

アメリカ	イギリス	中国
• 2022年3月に核融合の産業化を目標とした国家戦略を策定。 • ローレンスリバモア国立研究所では、2022年12月、パワーレーザーによる爆縮方式により、史上初めて入力エネルギーを上回る出力エネルギーを発生させることに成功。	• 2021年10月に核融合の産業化を目標とした国家戦略を策定。 • 2040年代までにプロトタイプ炉を稼働する計画。	• 中国政府主導で実験装置や原型炉の建設に向けた計画が進められており、2030年代までにITERと同規模の工学試験炉を建設予定。

勢いを増す欧米のスタートアップ企業

アメリカやイギリスなどでは核融合エネルギーへの民間投資が急増し（下図参照）、スタートアップ企業は研究開発を加速させています。例えば、アメリカのコモンウェルスフュージョンシステムズとTAEテクノロジーズは2030年代初期に商用炉を稼働する計画で、同じくアメリカのヘリオン・エナジーは、2028年までに稼働開始を目指す核融合発電所の電力について2023年5月、マイクロソフトと電力購入契約を締結しました。また、イギリスのトカマクエナジーは、2030年代中期に商用炉稼働する計画を立てています。

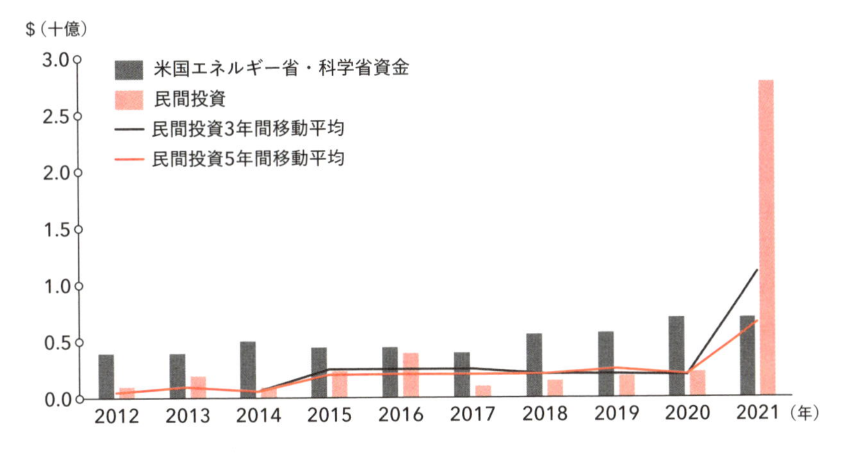

出典：内閣府　科学技術・イノベーション推進事務局「フュージョンエネルギー・イノベーション戦略～国家戦略を踏まえた最近の取組～」をもとに作成

日本政府の方針

実用化に向けた日本の取り組み

核融合の高い技術を持つ日本。諸外国に負けずに産業化を進められるでしょうか。

日本での核融合に対する取り組みはどうなっているのでしょうか？

政府は、2023年4月に核融合エネルギーの産業化に向けた**国家戦略**を策定しました。核融合における日本の技術的優位性を活かして、**構築されつつある世界のサプライチェーン競争に参入**していく狙いです。

具体的にはどんな内容ですか？

「産業育成戦略」「技術開発戦略」「推進体制等」の3つの柱があります。研究開発を加速し**原型炉**の早期実現を目指すとともに、**民間企業の参入**を推し進めていく方針です。産業化を進めるには、**民間投資を呼び込む**必要があります。

ところで、日本にもITERのような大型の実験装置はあるのでしょうか？

世界最大規模の実験装置「JT-60SA」があります。実用化につながる成果に期待したいですね。

国家戦略
政府は「フュージョンエネルギー・イノベーション戦略」を策定。本戦略では核融合を核分裂と区別するため「フュージョン」と呼んでいる。

原型炉
核融合炉として実際に発電できるか試すために作られるもの。「DEMO」（デモ）と呼ぶ。日本では産学官により、原型炉「JA-DEMO」の設計が検討されている。

「フュージョンエネルギー・イノベーション戦略」の3つの柱

（1）産業育成戦略	（2）技術開発戦略	（3）推進体制
原型炉開発への民間企業参画を見据えたエコシステムの確立を目指す。 • 民間企業の技術シーズへの支援強化 • 核融合産業協議会（フュージョンエネルギー産業協議会：J-Fusion）設立（→P120）	コア技術開発の推進や挑戦的研究への支援を行う。 • 小型化・高度化等新興技術への支援強化 • ITER計画／BA（幅広いアプローチ）活動を通じたコア技術の獲得	技術開発を推進する体制や産学官一体となっての人材育成を行う。 • 産学官での計画的な人材育成、人材獲得 • 国民理解を深めるアウトリーチ活動

実用化に向けた取り組み

ITERの支援研究や、原型炉に向けたITERの補完研究、人材育成などを目的として、国内に「JT-60SA」が建設され、2020年から統合試験運転が開始されています。今後は、原型炉「JA-DEMO」の建設が検討されているなど、フュージョンエネルギーの早期実用化に向けた取り組みが進められていきます。

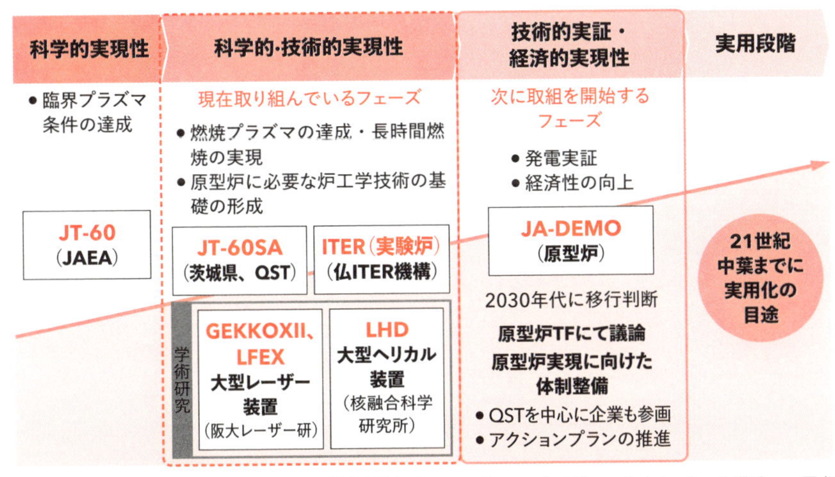

出典：内閣府　科学技術・イノベーション推進事務局「フュージョンエネルギー・イノベーション戦略　～国家戦略を踏まえた最近の取組～」をもとに作成

日本の技術的優位性と信頼性を活かして、産業化でアメリカやイギリスに負けないようにしてほしいですね。

COLUMN

核融合の主体は「官」から「民」へ

ここでは核融合エネルギーの産業化を実現するために、民間企業が行っている取り組みについて紹介します。

フュージョンエネルギー産業協議会（J-Fusion）は、2024年3月29日に民間企業が主体となって設立されました。

協議会は、核融合スタートアップ企業の京都フュージョニアリングが会長を務め、住友商事、Helical Fusion、古河電気工業、日揮、東芝エネルギーシステムズ、IHI、三菱重工業など、さまざまな業種から多数の企業が参画しています。

これまで核融合の研究開発は、公的機関が主体となって進められてきました。しかし、核融合エネルギーの産業化を進めるには、民間企業による産業界の仕組みづくりが欠かせません。すでに諸外国では、核融合発電に取り組む企業の参入が加速しています。

そのため、フュージョンエネルギー産業協議会では、これまで核融合と深く関わりのなかった企業からの参入も期待しているようです。

こうした場に参加することで、自社の技術シーズが、異業種の産業ニーズと結びつくことも少なくないはずです。日頃から新しいことに関心を持ち、情報感度を高めておくことでビジネスチャンスにつながることもあるのではないでしょうか。

新しいエネルギーの産業化は大きなビジネスチャンスを生み出します。チャンスをつかみたければ、大企業だけでなく、スタートアップの動向も気にしておくといいでしょう。

第6章

蓄エネルギーと全固体電池

蓄電池

蓄電池の重要性を覚えよう

カーボンニュートラルの実現のためには、エネルギーを「蓄える」ことも重要です。

電気を充電できる**蓄電池**が、**カーボンニュートラル実現の鍵を握る**ことはご存知でしょうか？

電気自動車（EV）の普及拡大のために、蓄電池は重要なんですよね。

そうですね。EVの普及に加えて、**再エネの主電源化**のために蓄電池の果たす役割は非常に大きいです。

再エネは天候によって発電量が変動し、電気が余ることもあるので、蓄電池があれば電気を貯めておくことができますね。

ええ。さらに、**電力系統**の安定化にも重要です。再エネの大量導入が進み、これまでの電力システムに接続した際、発電量の変動が大きいと、電力系統が不安定になってしまうためです。

なるほど。そこで蓄電池があれば、電力の需給を調整できるわけですね。

蓄電池
蓄電池には、リチウムイオン電池、ニカド電池、ニッケル水素電池、鉛電池、ナトリウムイオン電池などさまざまな種類がある。

電力系統
発電所から送配電まで、電力に関するシステム全体のこと。近年、法改正により、大型蓄電池を系統に直結し、発電設備として活用することが認められた。

そもそも蓄電池とは?

蓄電池とは、充電することで繰り返し使用することのできる電池です。主にEV等のモビリティに使われる車載用蓄電池と、定置用蓄電池があります。定置用蓄電池は電力系統の安定化（系統用蓄電池)、工場やビル（業務・産業用蓄電池）の蓄電やバックアップ電源に活用されます。この2つの他にPCやスマートフォン、家電等に使われる蓄電池もあります。

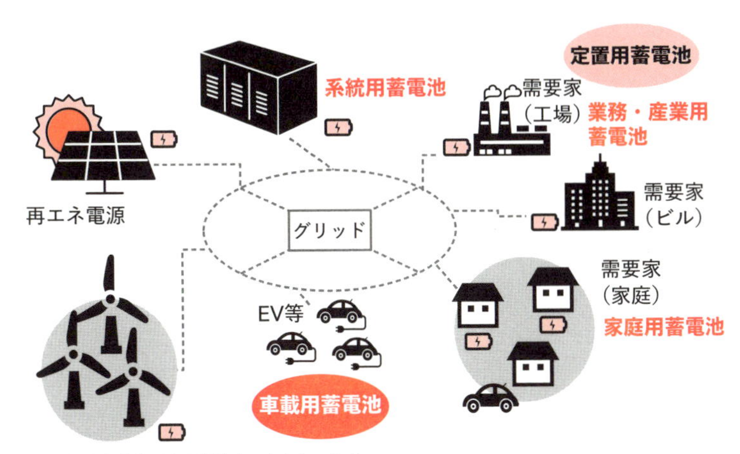

出典：経済産業省「蓄電池産業戦略」をもとに作成

「蓄電池」が可能にすること

(1) 再エネの発電量の変動に対する調整
再エネは天候により発電量が変動しますが、電気が余った際は蓄電池に蓄電しておけば、必要な時に消費できます。またFIP制度 (→P62) で市場価格に応じた売電に利用することも可能です。

(2) 電力系統の安定化
再エネの大量導入が進むと、発電量の変動により、電力系統が不安定化する懸念があります。そこで蓄電池（系統用蓄電池）を活用することにより、電力系統の安定化に貢献できます。

(3) EVの普及拡大
EV普及のためには、搭載する車載用蓄電池の高容量化や低コスト化などが必要です。課題はあるものの、二酸化炭素を排出しないEVが普及すればカーボンニュートラルの実現に近づきます。

蓄電池の利活用がカーボンニュートラル実現の鍵になります。

蓄電池の市場規模ってどのくらい？

EVや再エネの普及拡大とともに、蓄電池の市場規模も拡大する見込みです。

今後、蓄電池の市場はどうなっていくのでしょうか？

EVや再エネの普及拡大に伴って、蓄電池の市場は急速に拡大していく見込みです。民間の調査では、**2030年には約40兆円、2050年には約100兆円**になると予想されています。

100兆円ですか!?　かなり大きな市場に成長しますね。

そうですね。EV用に加えて、再エネと併せて使用する**定置用蓄電池の市場が今後、急速に拡大**していきそうです。

定置用蓄電池とは、工場やオフィス、住宅などに設置する蓄電池でしたよね。

はい。他にも**系統用蓄電池**もあります。政府の**GX分野別投資戦略**によると、国内でも定置用蓄電池の導入はますます増えていく見通しです。

系統用蓄電池
電力系統に接続されて使用される大規模な蓄電池のこと。電力系統の安定化などのために活用される。

GX分野別投資戦略
GX推進戦略の参考資料として、国が重点分野について今後の道行きを提示したもの。重点分野の1つに蓄電池が位置づけられている。

蓄電池の世界市場の推移

世界の蓄電池市場は、2050年にかけて車載用、定置用ともに急拡大し、2019年に約5兆円だった市場規模は、2030年には約40兆円、2050年には約100兆円になると予想されています。

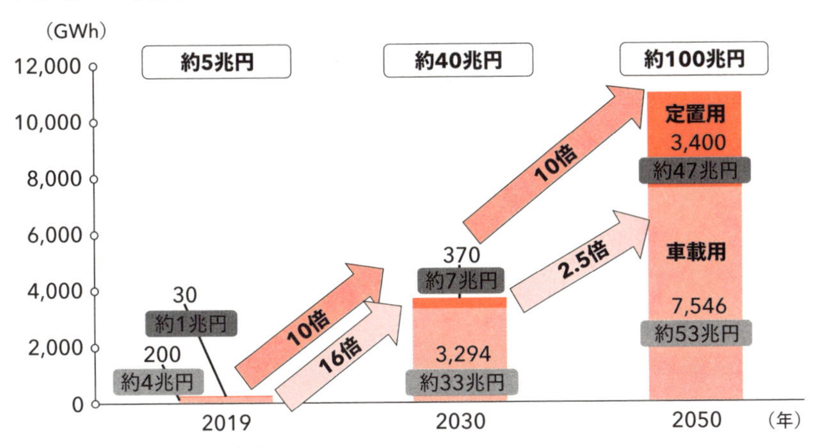

出典：経済産業省「蓄電池産業戦略」をもとに作成

国内の定置用蓄電池の導入見通し

GX分野別投資戦略では、国内の定置用蓄電池の導入見通しが示されており、系統用、業務・産業用、家庭用のいずれも拡大していく見込みです。

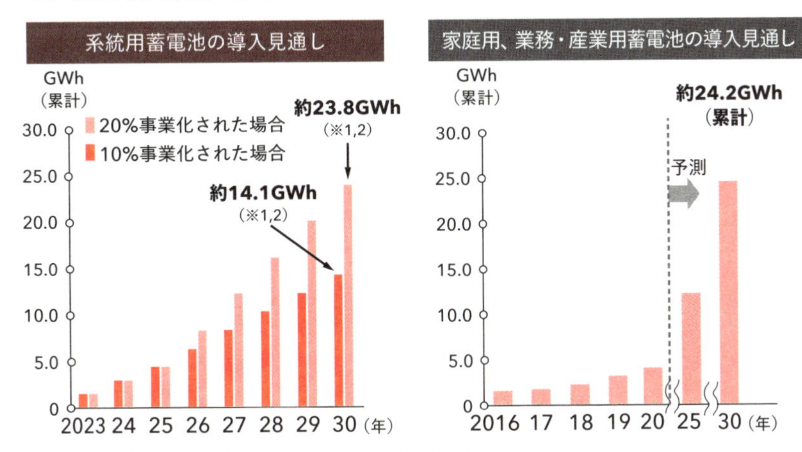

出典：内閣官房「GX分野別投資戦略（蓄電池）」をもとに作成

第6章 蓄エネルギーと全固体電池

日本のシェア

蓄電池の国別シェアの推移を見てみよう!

日本は蓄電池の世界市場で、大きなシェアを獲得していましたが、今は大きく低下しています。

リチウムイオン電池（LIB）などの蓄電池は、日本メーカーが技術面やビジネス面で世界をリードしていた印象があります。現在はどうなんでしょうか？

リチウムイオン電池がEV市場に出始めた頃は、**日本メーカーは技術的に優位な立場であり、世界一のシェア**を誇っていました。しかし近年、市場拡大に伴って、**中国**や韓国のメーカーがシェアを拡大し、日本メーカーは大きくシェアを低下しています。

そうなんですね。寂しい気がしますが、日本メーカーのシェアが低下したのはなぜでしょうか？

理由の１つに、**中国や韓国などでは、政府が企業に対して強力な支援策を実施**してきたことがあります。官民をあげた取り組みにより、技術面やコスト面で国際競争力が強化されたのです。さらに、**日本の産業界は国内志向で、グローバル市場の成長を十分に取り込めてこなかった**と考えられています。

リチウムイオン電池（LIB）
LIBはLi-ion Batteryの略。2019年にノーベル化学賞を受賞した吉野彰氏（旭化成）によりリチウムイオン二次電池の基本技術が確立された。

中国
リチウムイオン電池などの負極の原材料である黒鉛は、現在、生産や輸入において中国に大きく依存している状況。

国・メーカー別のシェアの推移

車載用、定置用のリチウムイオン電池のシェアは、初期は日本メーカーが技術的優位により市場を確保しましたが、市場の拡大に伴い中韓メーカーがシェアを拡大。現在、日本メーカーのシェアは大きく低下しています。

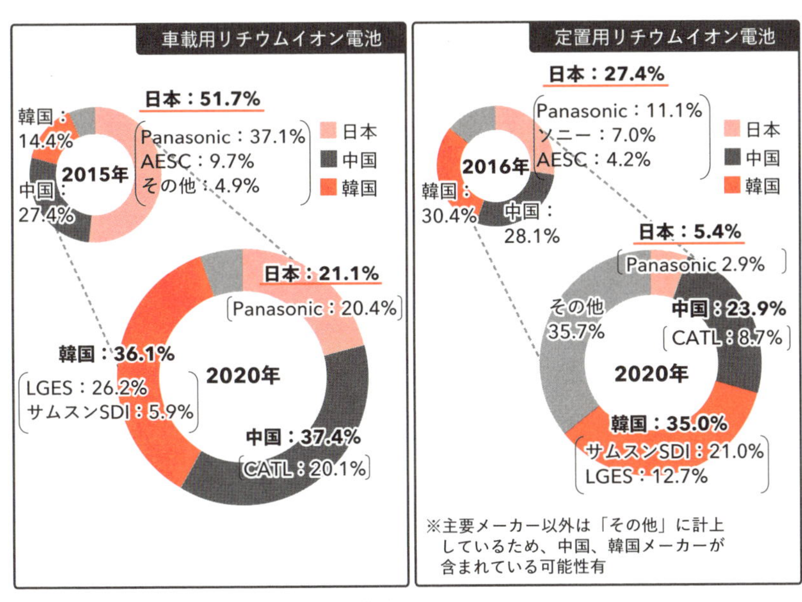

出典：経済産業省「蓄電池産業戦略」をもとに作成

主要国政府が実施する大規模な政策支援

アメリカ、ヨーロッパ、中国などの政府は、蓄電池に対する大規模な政策支援を実施しています。以下はその一例です。

〈アメリカ＆ヨーロッパ〉

巨大市場を背景に、規制措置と税制措置により蓄電池サプライチェーンの構築を進める。

〈中国〉

「新エネルギー車（NEV）」への大規模な補助金政策（約5,600億円）を実施。この政策もあってEVが普及し、蓄電池分野でも大きな成長を遂げた。

日本メーカーがこれからもう一度シェアを伸ばすためには、日本も政府の支援が必要です。

政府の方針

日本政府が策定した「蓄電池産業戦略」とは?

日本政府は、蓄電池産業の巻き返しを図るため、新たに「蓄電池産業戦略」を策定しました。

日本の蓄電池産業が再び競争力を取り戻すためには、諸外国同様、政府の支援が不可欠ですね。

そうですね。日本政府は、蓄電池産業の巻き返しを図るため、新たに「**蓄電池産業戦略**」を策定しました。

どんな戦略なのでしょうか？

3つの目標が示されています。1つ目は、現在、蓄電池の主流であるリチウムイオン電池（**液系LIB**）の**国内製造能力を強化すること**、2つ目は**関係国との連携強化などにより日本企業の海外製造能力を確保する**こと、3つ目は**全固体電池などの次世代電池の本格実用化**を目指すことです。それぞれ2030年までの具体的な数値目標が掲げられています。

日本メーカーには世界に負けない高い技術力があるので、国の支援などにより、日本の蓄電池産業が再び躍進することが期待されますね。

蓄電池産業戦略
2022年8月31日に策定。経済産業省が電池メーカー、部材メーカー、関連業界などで構成される蓄電池産業戦略検討官民協議会を立ち上げ、戦略策定の議論が交わされた。

液系LIB
電解質が液体であるリチウムイオン電池。全固体電池と分けるため"液系"としている。

「蓄電池産業戦略」の3つの目標

（1）液系LIBの製造基盤の確立

官民連携により蓄電池・材料の国内製造基盤への投資強化により、2030年までに150GWh／年の国内製造能力を目標とする（2020年時点では22GWh程度）。

（2）グローバルプレゼンスの確保

関係国（豪州、アメリカ、カナダ等）と資源確保やサプライチェーン構築などで連携強化することで、2030年に日本企業全体でグローバル市場における600GWh／年（世界市場の20％シェア相当）の製造能力の確保を目標とする。

（3）次世代電池市場の獲得

全固体電池（→P134）など次世代電池における製造技術の優位性などを確保するため、2030年頃に全固体電池の本格実用化、2030年以降も日本の技術リーダーの地位の維持確保を目標とする。

日本の蓄電池産業が世界で戦うには、電池の性能や安全性といった強みを活かすとともに、コスト競争力の向上が必要です。また原材料確保など、安定的なグローバルサプライチェーンの構築も欠かせません。

国内の蓄電池製造基盤への支援

政府は、蓄電池製造等の設備投資に対して、数千億円規模の予算を組んで支援を行っています。その効果もあり、国内の蓄電池製造能力は年々増加。下の図は電池の生産能力の伸びを表しています。

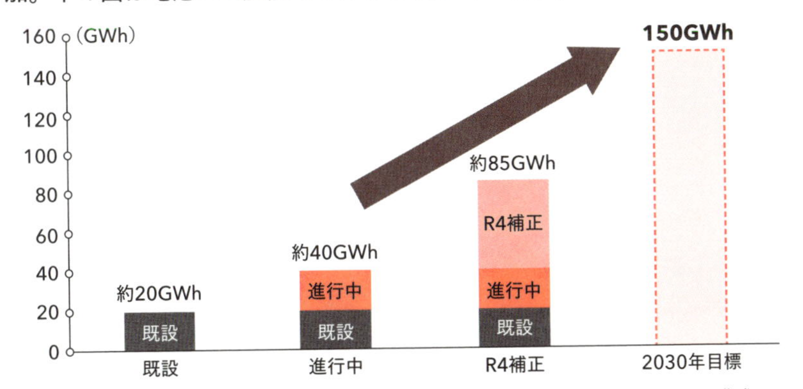

出典：経済産業省「蓄電池産業戦略の関連施策の進捗状況及び当面の進め方について」をもとに作成

蓄電池の主流

注目が集まるリチウムイオン電池

現在、蓄電池の主流となるのがリチウムイオン電池です。どのような特徴があるのか理解しましょう。

PCやスマホ、EVなど、身の回りにある製品には、リチウムイオン電池が多く使われていますね。

そうですね。今や、**蓄電池の主流ともいえるのがリチウムイオン電池**です。リチウムイオン電池は**エネルギー密度**が高く、**小型化や軽量化しやすい**といったメリットがあり、蓄電池として優れた性能を持ちます。

昔は、リチウムイオン電池が入った製品が発火したり、爆発したりする事故もありましたが、今はどうなのでしょうか？

改良が進んでいるため、正しく使えば問題になることはないでしょう。ただ、リチウムイオン電池の電解液には、**可燃性の有機溶媒**が使われているため、強い衝撃や劣化によって、発火の危険性があります。

リチウムイオン電池は、安全性を担保していくことが大きな課題ですね。

エネルギー密度
単位体積または単位重量あたりのエネルギー量。エネルギー密度が高ければ、小さな体積や重量で、大きなエネルギーが得られる。

可燃性の有機溶媒
エチレンカーボネート、ジメチルカーボネート、ジエチルカーボネートなど。消防法上の危険物に該当する。リチウムイオン電池は電圧が高いため、水溶液だと電気分解を起こしてしまうため不向きとされる。

蓄電池の主流「リチウムイオン電池」

車載用蓄電池を中心に、定置用蓄電池、PCやスマホなどの小型機器などに使用されています。リチウムイオン電池は、蓄電池として他にはない優れた特長があり、今後も蓄電池の主流になると考えられています。

〈リチウムイオン電池の優れた特徴〉

- エネルギー密度が高い（大容量）
- 小型化しやすい
- 軽量化しやすい

リチウムイオン電池は電極にリチウムという金属を含む化合物を使っていますが、このリチウムが非常に軽くて小さい物質であるため、小さく軽い電池を作ることができます。

リチウムイオン電池の問題点とは？

リチウムイオン電池に使われる電解液は、可燃性の有機溶媒が使用されています。強い衝撃などにより短絡（ショート）することで、発火の危険性があります。また、コバルトやニッケルといったレアメタルを使用することがありますが、特定国に偏在するため、原料の調達や高騰のリスクがあります。さらに、普及拡大のためには、高容量化やコストの低減が求められます。

〈リチウムイオン電池の主な課題〉

- 発火のリスク
- 原材料が特定国に偏在
- コストが高い

発火のリスクは以前に比べて大分減少しましたが、さらなる改良が進められています。原材料の調達についても、日本政府が供給網の拡大に動いています。

いろいろな種類

さまざまな リチウムイオン電池

リチウムイオン電池は電極によって特性が異なります。どんな種類があるのでしょうか。

››› リチウムイオン電池の基本構造

リチウムイオン電池の基本構造は、他の電池と同様、正極(+)、負極(−)、電解液などから構成されます。

充電や放電の仕組みは、下図のように、リチウムイオンが正極と負極の間を行ったり来たりすることで起こります。充電時には、正極側にあるリチウムイオンが電解液を通って負極側に移動します。一方、放電時には負極に蓄えられたリチウムイオンが正極側に移動すると同時に、電子が導線を通って負極側に移動します。

より多くの電気を蓄えるためには、より多くのリチウムイオンを整然と格納できる構造を持つ電極が必要です。そのため、リチウムイオン電池の電極には、層状構造(図では模式的に棚のように描いています)などを持った電極が使われます。具体的には、正極にはリチウム金属酸化物、負極には黒鉛などが利用されます。

電極の構造の他にも、電極に使用される材料によって特性は異なります。そのため、さまざまな種類の電極が使われたリチウムイオン電池が開発されています。

リチウムイオン電池の仕組み

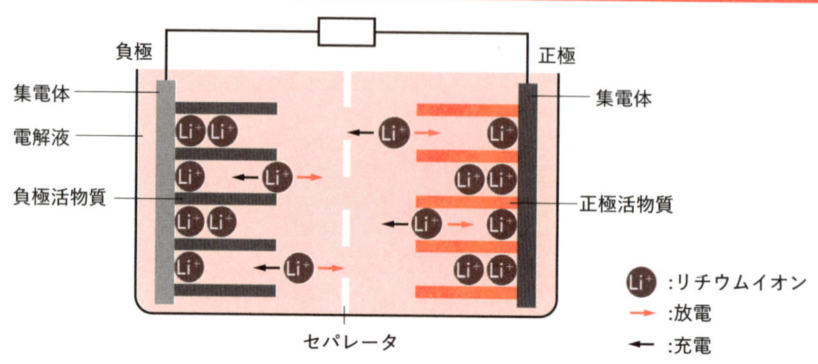

>>> リチウムイオン電池の種類

リチウムイオン電池は、使用されている電極の材料や電池の形状によって分類されます。ここでは「正極の材料による分類」「形状による分類」に大別し、それぞれの種類を紹介します。

正極の材料による分類

(1) コバルト系

正極にコバルト酸リチウム（LiCoO2）を使用した電池です。主にモバイル機器に広く普及しています。しかし、コバルトはレアメタルであり、資源の調達や価格の高騰が問題となっています。また、熱暴走のリスクが高いため、車載用には適していません。

(2) ニッケル系

正極にニッケル酸リチウム（LiNiO2）を使用した電池です。大容量であることが特徴ですが、充電時の熱安定性が悪く、安全性に課題があります。

(3) NCA系

ニッケル系の課題を改善した電池です。正極にニッケル、コバルト、アルミニウムを使用することで、安全性が向上しています。プラグインハイブリッド車などに使用されています。

(4) 三元系（NMC）

正極にニッケル、マンガン、コバルトを使用した電池です。コバルト系よりも安全性が高く、エネルギー密度も高いです。このため、車載用として主流の電池となっています。

(5) マンガン系

正極にマンガン酸リチウム（LiMn2O4）を使用した電池です。マンガンは安価であり、熱安定性に優れているため、安全性が高いとされています。このため、車載用電池としても使用されています。

(6) リン酸鉄系

正極にリン酸鉄リチウム（LiFePO4）を使用した電池です。安価で安全性が高いですが、エネルギー密度が低いです。改良が進んでおり、車載用での新たな主流になっています。

形状による分類

リチウムイオン電池は形状により、円筒型、角型、パウチ型（ラミネート型）に分かれます。電池の容量を高めるためには、できる限り電極面積を大きくした方が有利です。そのため、実際の製品としては、シート状の正極と負極とそれらを隔てるセパレータを重ね合わせたものを、各形状にした上で使用されます。

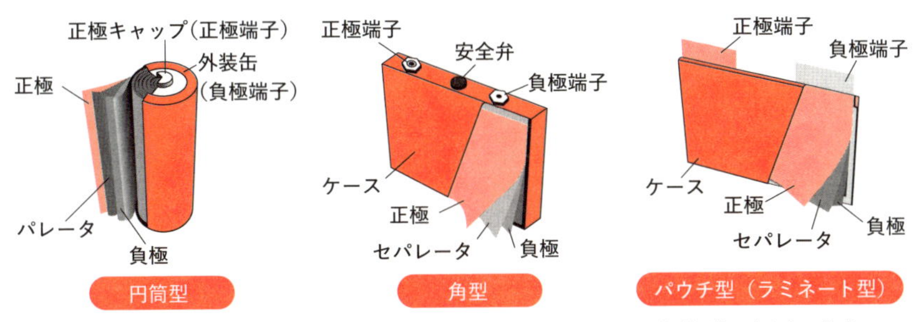

出典：株式会社REF Electronics「電池ユーザーのためのリチウムイオン電池の基礎知識」をもとに作成

次世代電池

全固体電池の可能性を探る

次世代電池として最も期待されている全固体電池。官民総力をあげて実用化を目指しています。

リチウムイオン電池は、今後も蓄電池の主流になっていくと思いますが、**電解液**の安全性の問題が懸案事項ですね。

そうですね。そこで今、期待されているのが**全固体電池**です。全固体電池は**電解液を固体の電解質にしたもの**であり、安全性を向上することができます。さらにエネルギー密度の向上や、EVに求められる**急速充電**が可能であるといわれています。

それはすごいですね！ 実用化の目途は立っているのでしょうか？

はい。政府は蓄電池産業戦略の中で、**2030年頃の全固体電池の本格実用化**を目指しています。また**トヨタは2027年から2028年の実用化**を目指して研究開発を進めている状況です。

全固体電池が実用化されることで、日本の蓄電池産業が再び世界をリードするきっかけになればいいですね。

電解液
正極と負極の間でイオンを運ぶ媒体として機能するもの。リチウムイオン電池には可燃性の有機溶媒が使用されている。

急速充電
EVはできるだけ短時間で充電が行えることが求められる。ただし、従来の方法では急速充電により、高温になり、劣化しやすくなるといわれている。

次世代蓄電池「全固体電池」とは？

全固体電池とは、従来のリチウムイオン電池（液系LIB）とは違い、電解質に固体を用いた蓄電池です。従来の液系LIBの課題を改善するうえ、性能も向上すると期待されています。EVへの使用を中心に、定置用蓄電池や小型機器での活用が想定されています。

- ☑ 可燃性の電解液による発火や、液漏れがなくなり、安全性が向上。
- ☑ 同じ体積の液系LIBと比べると、全固体電池は航続距離が約2倍になる。
- ☑ 大電流での急速充電が可能となり充電時間が短縮（液系LiBの1／3程度）される。

全固体電池の早期実用化に向けた取り組み

全固体電池は日本に技術的な強みがあり、日本政府や企業が開発に力を注いでいます。

日本政府の取り組み

蓄電池産業戦略
（→P128）

2030年頃に全固体電池の本格実用化、2030年以降も日本が技術リーダーの地位を維持・確保することを目標に掲げている。

グリーン成長戦略
（→P26）

グリーンイノベーション（GI）基金による蓄電池・材料、リサイクル技術の開発。

日本メーカーの動向

トヨタ

トヨタは、以前から全固体電池の開発に取り組み、2027年から2028年の実用化を目指している。

日産

日産は、世界でも最も早い時期にEVを量産したが、全固体電池についても2028年度に市場投入すると明言。

ホンダ

トヨタや日産と同様、2020年代後半のモデルには全固体電池を採用できるよう研究を加速するとしている。また、GI基金による開発も進行中。

仕組みと種類

全固体電池の仕組みと種類について覚えよう

全固体電池はどのような仕組みなのでしょうか。また、どんな種類があるのでしょうか。

全固体電池の仕組みについて詳しく教えてください。

基本的な構造は、これまでのリチウムイオン電池と同様、正極、負極、電解質からなりますが、**電解質が液体ではなく固体**であることが特徴です。

しかし、今まではなぜ固体の電解質が使われなかったのでしょうか？

電解質には**イオン**が移動しやすいことが求められるため、液体の電解質を用いることが電池の常識でした。しかし、近年、**固体電解質でもイオンが素早く動くことができる物質**の開発に成功したのです。

その「固体電解質」とはどんな物質なのですか？

大きく「酸化物系」「**硫化物系**」「ポリマー系」があります。EVには大容量で高出力な硫化物系の使用が有力視されています。

イオン
原子が電気を帯びた状態。プラスを陽イオン、マイナスを陰イオンという。リチウムイオン電池の場合、陽イオンであるリチウムイオンが電解液の中を移動する。

硫化物系
硫黄やその化合物を含む固体電解質。リチウムイオンの伝導性が高いが、水分との反応により有毒な硫化水素ガスが発生する。

全固体電池の仕組み

リチウムイオン電池との大きな違いは、電解質が液体ではなく固体であることです。現状では、イオンの移動しやすさから、液体の電解質が使われていますが、イオンが素早く動くことができる固体電解質の開発に成功したことで、全固体電池の実用化への期待が膨らみました。

出典：経済産業省「蓄電池産業戦略」をもとに作成

全固体電池の種類

全固体電池にも電解質や形状によって種類があります。それぞれどんな種類の全固体電池があるのか見てみましょう。

電解質による分類

(1)酸化物系（セラミック系）

安全性や耐久性に優れるが、容量が限られる。

(2)硫化物系

大容量・高出力。一方、硫黄化合物を使うため、危険性など技術的な課題が多い。

(3)ポリマー系

高分子化合物を使用したもので、生産性や耐久性に優れる。しかし、容量が限られる。

形状による分類

(1)バルク型

頑丈な箱の中に電池を入れる方式で、危険性のある硫化物系に向いている。大容量・高出力である一方、サイズが大きくなりやすい。EV向き。

(2)薄膜型

薄い膜状で、さまざまな場所や形状でも使用可能。小型で柔軟、耐久性が高い反面、容量が限られる。小型機器向き。

市場拡大

全固体電池の市場規模はどのくらい？

従来のリチウムイオン電池を超える性能を持つ全固体電池。世界市場は急拡大しそうです。

実用化が待ち遠しい全固体電池ですが、今後の世界市場の予測はどうですか？

今後、**EV の普及拡大**に伴い、全固体電池の市場も急拡大する見込みです。民間調査では、**2040 年には 3 兆 8,605 億円になる**と予測されています。

全固体電池には硫化物系や酸化物系といった種類がありますが、どちらの市場規模が大きいのでしょうか？

EV 向けとして期待されている硫化物系の市場が大きいですね。2022 年の時点ではわずかでしたが、**2040 年には 2 兆 3,762 億円に達する見込み**です。まずは **HV** や高級車などへの展開が予想されています。

酸化物系の方はどうですか？

現状では小型機器向けが中心ですが、酸化物系でも 2025 年頃から EV 向けの需要が高まるといわれています。

EVの普及拡大
2022 年での世界の EV（HV、PHV を含む）の新車販売台数は 1,402 万台だが、2035 年は 7,600 万台と 5.4 倍になると予測されている。

HV
「HV」は「Hybrid Vehicle」の略で、「ハイブリッド自動車」のこと。ガソリンによるエンジンと蓄電池によるモーターの 2 つの動力を搭載する。PHV はプラグインハイブリッド自動車のこと。

急速に拡大する全固体電池の世界市場

民間調査では、世界の全固体電池の市場規模は2022年時点で60億円、2040年には3兆8,605億円に到達すると予測され、今後、急拡大するとみられています。

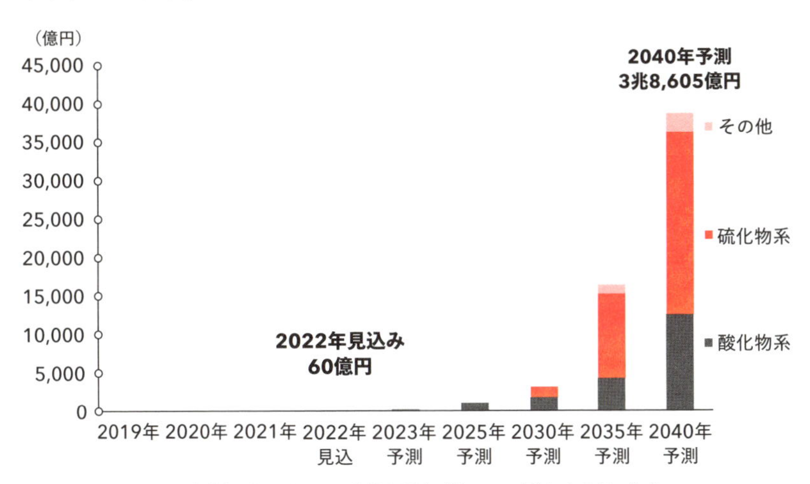

出典：株式会社富士経済「全固体電池の世界市場を調査（第22123号）」を参考に作成

酸化物系の全固体電池の予測

酸化物系の全固体電池は、2022年時点で39億円、2025年頃からEV向けに需要が高まるとみられ、2040年には1兆2,411億円まで成長する見込みです。小型機器向けの全固体電池は、すでに量産を開始しているメーカーもあり、今後もIoT機器などで採用が期待されています。

硫化物系の全固体電池の予測

硫化物系の全固体電池は、2022年時点では僅少ですが、2030年代以降に新規材料を採用した全固体電池の展開が予想され、2040年には2兆3,762億円まで拡大するとみられています。EV向けとして、当面は、HVに搭載されたり、コストを考慮し、高級車などへの展開が予想されます。

急速に市場が拡大することが見込まれているなら、大きなビジネスチャンスになりますね。

実用化への課題

全固体電池にも課題はあるの?

期待される全固体電池ですが、実用化に向けては乗り越えなければならない課題があります。

全固体電池の実用化に向けて、課題などはあるんですか?

耐久性が課題で、電極と固体電解質との**密着性**が重要だといわれます。蓄電池は充電と放電を繰り返す際に、**膨張や収縮**が起こるため、**電極との間に亀裂**が生じないようにしなければなりません。

密着性
密着性の問題は、耐久性の悪化を招くだけでなく、電極と固体電解質との界面における抵抗が増加し、出力低下にもつながる。

なるほど。亀裂が生じれば、当然、電池の耐久性が低下しますね。

そうですね。また実用化にあたっては、**量産化技術を確立する**必要があります。電気自動車での使用が期待される硫化物系の全固体電池は、特に**水分に気を付けなければなりません。**

水分ですか?

はい。**硫化物系の場合、大気中の水分と反応しやすく、設備の対策が必要**です。競争力を高めるためには、低コストな**量産化技術**が求められます。

量産化技術
トヨタと出光興産は、硫化物系固体電解質の開発や量産化に向けた実証など、本格的な量産への取り組みを進めている。

実用化に向けた全固体電池の課題

たくさんのメリットがあり、多くの期待を集める全固体電池にも課題はあります。それが、（1）固体電解質の耐久性の向上と（2）量産化技術の確立です。なぜ、この2つが課題となっているのか詳しく見ていきましょう。

（1）固体電解質の耐久性向上

全固体電池では固体電解質を使用することによって生じる課題があります。その1つは、電極と固体電解質の密着性です。液体の電解質であれば、電極が多少変化しても密着し続けることができますが、固体電解質の場合、充電や放電により膨張や収縮が起こることで、電極との間に亀裂が生じる可能性があります。この亀裂により、電池性能が劣化するおそれがあります。

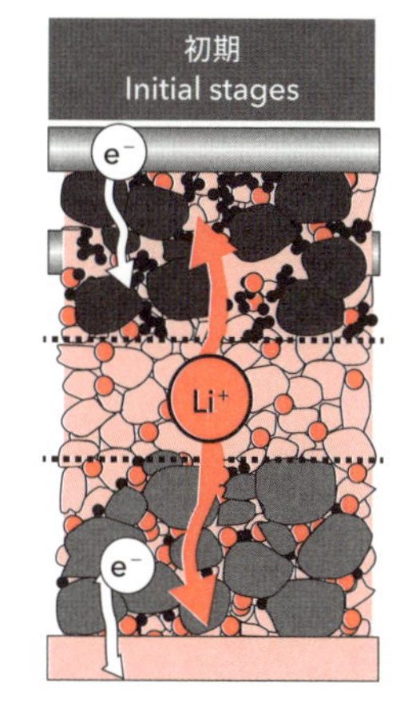

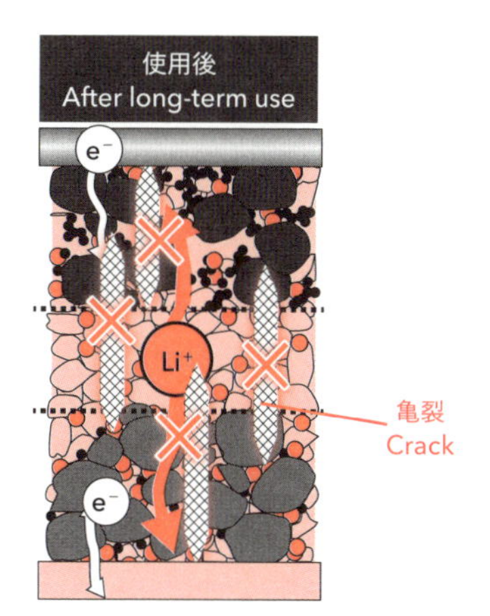

出典：トヨタ自動車株式会社『全固体量産へ出光・トヨタがタッグ 「実現力」で狙う世界標準』をもとに作成

（2）量産化技術の確立

全固体電池を実用化するには、量産化技術を確立する必要があります。たとえば、硫化物系の場合、大気中の水分により反応してしまうため、ドライルームの設備を用意しなければなりません。製造設備の初期投資費用など、コストを削減しつつ量産化する技術の確立が求められます。

トヨタや出光興産などによって、課題解決に向けた取り組みが進められています。詳しくは次のページで解説します。

世界一の日本企業

実用化に向けた企業の取り組み

日本企業が全固体電池の量産化に向けた取り組みを始めています。実用化までもう少しです！

政府は、蓄電池産業戦略の中で2030年頃の全固体電池の本格実用化を目指すとしていますが、企業の開発状況はどうでしょうか？

複数の企業が開発に取り組んでいますが、中でも**トヨタは2027年から2028年の実用化を目指し、出光興産らとともに量産化に向けた取り組み**を進めています。

全固体電池の課題とされる耐久性の問題はクリアされたのですか？

トヨタによると出光興産との共同研究により、**固体電解質の改善**に成功し、**全固体電池の性能と耐久性を両立できる目途がついた**としています。

それは素晴らしいですね！　計画通りに実用化してほしいです。

そうですね。もともと**日本企業は、全固体電池に関する特許件数が世界一**です。高い技術力を活かして、産業化でも世界をリードしてもらいたいですね。

複数の企業
日産、ホンダなどの自動車メーカーに加え、パナソニック、TDK、GSユアサなど、電池材料を含め多数の企業が全固体電池の開発を進めている。

固体電解質の改善
柔軟性と密着性が高く、割れにくい硫化物系の固体電解質の開発に成功。出光は石油製品の製造過程で出る硫黄成分の研究に強みがある。

トヨタと出光興産が目指す本格量産化

トヨタは2006年から全固体電池の研究開発に取り組んでおり、硫化物系の全固体電池の開発を出光興産とともに進めています。研究の末、全固体電池の耐久性を克服する技術的ブレークスルーを発見。現在、2027年から2028年の実用化を目指しているところです。2023年10月には、材料開発から製造、電池の量産までを両社で協業していく方針を固めました。全固体電池の本格量産化の実現が近づいています。

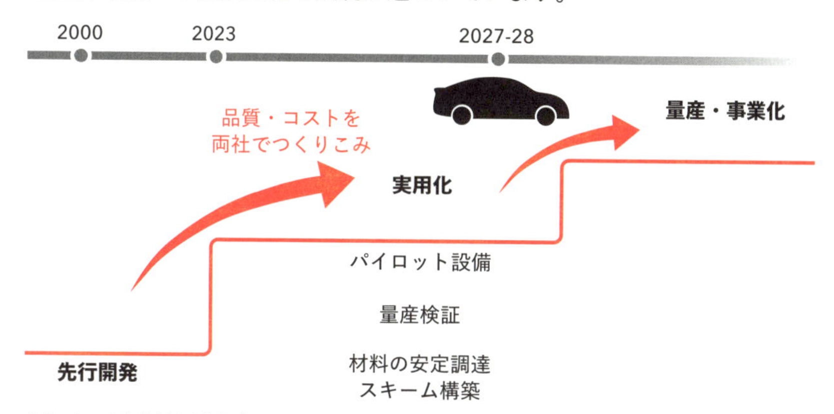

出典：トヨタ自動車株式会社『全固体量産へ出光・トヨタがタッグ 「実現力」で狙う世界標準』をもとに作成

日本の全固体電池に関する特許件数

下の表は出願人別の国際展開発明件数ランキングです（出願年（優先権主張年）：2013-2021年）。特許庁の調査では、全固体電池の関連技術の特許件数（国際展開発明件数）ランキングでは、上位20者中14者が日本メーカーです。件数の比率は、日本国籍が世界全体の48.6%を占め、世界でトップとなっています。

順位	全体への出願			
	出願人	国籍・地域	属性	件数
1	パナソニック	日本	企業	475
2	トヨタ自動車	日本	企業	405
3	サムスングループ	韓国	企業	347
4	LGグループ	韓国	企業	244
5	富士フイルム	日本	企業	164
6	村田製作所	日本	企業	154
7	現代自動車	韓国	企業	138
8	本田技研工業	日本	企業	126
9	ボッシュ	欧州	企業	114
10	レゾナック	日本	企業	87

順位	全体への出願			
	出願人	国籍・地域	属性	件数
11	TDK	日本	企業	85
12	日本ガイシ	日本	企業	61
12	三井金属鉱業	日本	企業	61
14	出光興産	日本	企業	60
14	セイコーエプソン	日本	企業	60
16	日立製作所	日本	企業	54
17	太陽誘電	日本	企業	47
18	ゼネラルモーターズ	米国	企業	45
19	BASF	欧州	企業	40
20	AGC	日本	企業	36

近年は中国などが急速に追い上げてきています。

出典：特許庁「令和5年度分野別特許出願技術動向調査結果」をもとに作成

ポスト・リチウムイオン電池

期待が集まる次世代電池たち

現在のリチウムイオン電池に代わると期待される代表的な次世代電池を紹介します。

蓄電池の主流であるリチウムイオン電池ですが、先に紹介したとおり発火のリスクやコストが高いといった課題を抱えている他、需要の急増により、リチウムの資源不足も懸念されています。そのため、リチウムイオン電池に代わる次世代電池の開発・研究も進められています。

ナトリウムイオン電池

ポストリチウムイオン電池の大本命！　実用化が進む次世代電池

ナトリウムイオン電池とは、正極にナトリウム酸化物、負極にハードカーボン（炭素材料）、電解液に有機溶媒などが使われる蓄電池です。

特徴はリチウムを使用しないことです。リチウムは、EVの普及などにより、将来、資源不足になると懸念されていますが、ナトリウムは海水中に豊富に存在します。

近年では、すでに中国最大手の電池メーカーが実用化を開始したり、トヨタが研究開発を進めています。また、日本電気硝子は、全固体ナトリウムイオン電池の量産体制を進めており、2024年内での販売を目指すなど、非常に注目を集める蓄電池です。

メリット	デメリット・課題
☑ 資源が豊富に存在する	☑ エネルギー密度が低い
☑ 使用できる温度範囲が広い	☑ 重量がある
☑ 急速充電のスピードが速い	☑ 安全性の対策が必要である
☑ コストが抑えられる	

ナトリウムイオン電池は、リチウムイオン電池と電池構造に共通する部分が多いため、リチウムイオン電池の生産設備を流用しやすく、設備投資を抑えられるといわれています。最大の課題はエネルギー密度ですが、高性能な電極材料を使用することで改善する研究が進められています。

現在、ナトリウムイオンの全固体電池の開発が進められており、全固体電池の本命になる可能性もあります。

フッ化物電池

政府のグリーン成長戦略の中で「革新型電池」として位置づけ

フッ化物電池（フッ化物イオン電池ともいう）は、正極負極それぞれにフッ化物イオン（フッ素がイオンとなったもの：F^-）と結合可能な金属やその化合物が使用されます。フッ化物イオンが電極の間を行ったり来たりすることで充電や放電が行われます。

フッ化物電池は亜鉛負極電池とともに、政府のグリーン成長戦略の中で「革新型電池」として位置づけられ、2035年頃の実用化を目指すとされています。国立研究開発法人新エネルギー・産業技術総合開発機構（NEDO）による開発プロジェクトも動いています。

メリット	デメリット・課題
☑ エネルギー密度が高い　☑ 安全性が高い ☑ コストが抑えられる	☑ 充電や放電により劣化しやすい

NEDOによる開発プロジェクトは2021年度から2025年度までに、事業総額110〜120億円を予定する大規模なものです。

亜鉛負極電池

電池の定番である亜鉛を用いた革新型電池

亜鉛負極電池は、正極に黒鉛など、負極に亜鉛が使用され、水酸化物イオン（OH^-）が電極間を移動する電池です。正極に空気極（空気中の酸素を利用する）を使用したものを亜鉛空気二次電池といい、以前からNEDOでも研究が進められてきました。

メリット	デメリット・課題
☑ エネルギー密度が高い　☑ 安全性が高い ☑ コストが抑えられる	☑ 充電の際にデンドライト*が生じるリスク ※金属が樹枝状に析出し、短絡の原因になる

フッ化物電池と同様、安全性が高く、低コストな革新型電池として期待されています。

全樹脂電池

プラスチックで出来た日本発の次世代電池

全樹脂電池とはその名のとおり、電池の材料に樹脂（プラスチック）を使用したリチウムイオン電池です。開発を手がけたのは日本のスタートアップ企業であるAPB（本社：福井県越前市）です。同社は、近年、トヨタや世界の大手企業から巨額の出資を受け、すでに量産工場を設立しています。これまでの蓄電池とは全く異なる材料と構造を持つ新しい電池であり、日本発の次世代電池として期待されています。

メリット	デメリット・課題
☑ 安全性が高い　☑ コストが抑えられる ☑ 形状の自由度が高い	☑ リチウムの供給や価格高騰のリスク

COLUMN

蓄電池以外のエネルギーを蓄える技術は?

さまざまな蓄電池について解説してきましたが、
エネルギーを蓄える技術は
蓄電池だけではありません。

発電所などで発電したエネルギーを貯蔵し、必要に応じて供給することの出来る技術を「蓄エネルギー技術」といいます。代表的なものをここで紹介します。

1. 揚水発電

余剰電力で水を高所に汲み上げておき、ピーク時に水力発電に利用。

2. 水素化

余剰電力で水素を生成し、燃料電池などに利用。

3. フライホール

高速回転体で運動エネルギーを蓄え、発電に利用。鉄道分野などで実用化済。

4. 空気（圧縮・液化）

余剰電力で空気を圧縮し、ガスタービンによる発電に利用。

5. 超電導電力貯蔵

超電導コイルに電流を流し続けることで、エネルギーを無損失で貯蔵する技術。

6. 電気二重層キャパシタ

高容量のキャパシタ（コンデンサ）で、電極に電荷を蓄え迅速に放出する装置。

以上のように、蓄エネルギー技術はさまざまな種類があり、それぞれの特性を活かした用途で、広く普及することが期待されています。

第7章

非エネルギー起源の脱炭素とカーボンリサイクル

エネルギー以外

非エネルギー起源CO_2ってなんだ?

脱炭素にはエネルギー分野だけでなく、非エネルギーを起源としたCO_2の削減も必要です。

カーボンニュートラルを実現するには、まず化石燃料からの**エネルギーによって発生するCO_2の削減が重要**です。しかし、それだけでは不十分です。

エネルギー以外から出るCO_2にはどんなものがありますか？

たとえば、工業プロセスで化石燃料や**炭素を含む物質**を**原料として使用する際にCO_2が排出**されます。

炭素を含む物質
セメントの主原料である石灰石（炭酸カルシウム）など。

鉄の製造には石炭（コークス）を原料に使いますね。

はい。ほかにも、廃プラスチックや紙などの廃棄物を焼却する時にもCO_2が出ます。こうした「**非エネルギー起源CO_2**」の排出は、**全体の約6～7%**を占めています。

非エネルギー起源CO_2
エネルギーの使用以外で排出されるCO_2で、工業プロセスの化学反応や廃棄物処理などで発生する。

意外と多いですね。カーボンニュートラルを実現するためには、非エネルギー起源CO_2の対策も必要ですね。

非エネルギー起源のCO_2とは？

下の図は日本の温室効果ガス排出量のガス種別の内訳を示したものです。全体の6〜7%はエネルギー利用以外から排出される「非エネルギー起源」のCO_2です。カーボンニュートラルを実現するためには、この非エネルギー起源CO_2の削減も重要です。

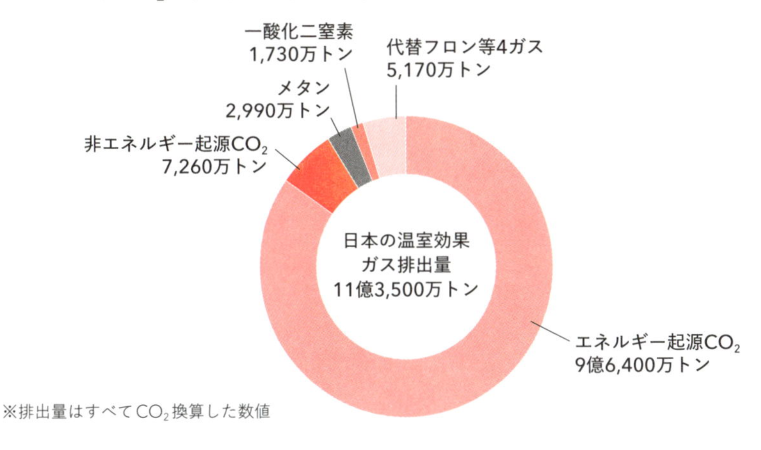

出典：環境省「2022年度の温室効果ガス排出・吸収量（詳細）」をもとに作成

非エネルギー起源CO_2排出量の推移

非エネルギー起源CO_2は「工業プロセス（製造過程等で排出）」「廃棄物処理」「農業や間接的なCO_2排出など」の3つに大別されます。排出量は年々減少していますが、さらに削減する必要があります。

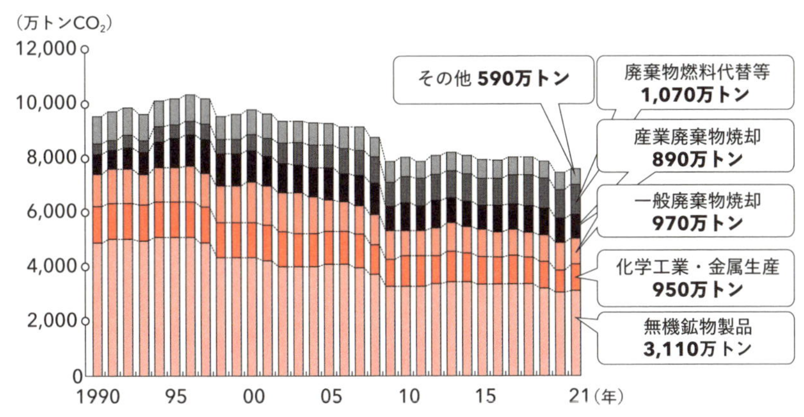

出典：環境省「2021年度（令和3年度）温室効果ガス排出量（確報値）について」をもとに作成

原料由来のCO_2

求められる工業プロセスの転換とCO_2排出

非エネルギー起源CO_2のうち、工業プロセスにおいて排出されるCO_2について理解しましょう。

非エネルギー起源のCO_2の排出源で最も多いのは、工業プロセスに由来するものです。非エネルギー起源CO_2全体の57%を占めています。

具体的には、どのような工業プロセスからCO_2が排出されるのでしょうか？

最も多いのがセメント製造です。セメントの製造には、**石灰石**が主原料として使われますが、この**石灰石を高温で焼成する過程で大量のCO_2が発生**します。

エネルギーとは異なり、代替する原料を見つけるのは難しそうですね。

そうですね。次に多いのが**金属製造**、特に**鉄鋼**です。鉄を製造する際、**鉄鉱石**と**コークス**の反応で大量のCO_2が排出されます。

これまでの製造方法を見直し、新しい工業プロセスに転換することが求められているのですね。

石灰石
炭酸カルシウムを主成分とする天然鉱物。日本国内に豊富に存在し、自給率は100%。

鉄鉱石
鉄鋼の主要な原料。主成分は酸化鉄。コークスとの反応で酸素が除かれる（還元）。

コークス
石炭を蒸し焼きにしたもので、石炭中の不純物が除去されたもの。

求められる工業プロセスの転換による脱炭素

2022年度の日本における非エネルギー起源CO_2排出量は7,260万トンで、そのうち約56%（4,090万トン）が工業プロセスによるものです。具体的には、セメント製造が55%（2,250万トン）、金属製造が13%（520万トン）、化学産業が8%（350万トン）を占めています。

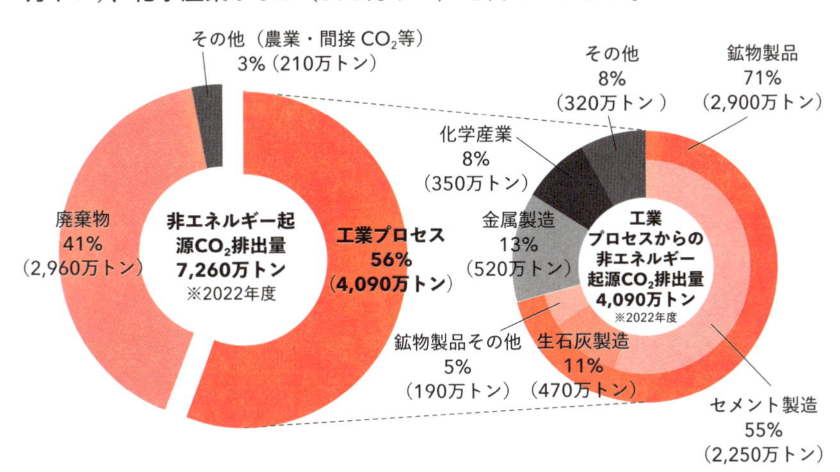

出典：環境省「温室効果ガス排出・吸収量等の算定と報告（2022年度2.8 エネルギー起源CO_2以外）」を参考に作成

セメント製造、金属製造で排出されるCO_2

非エネルギー起源CO_2のうちでも排出量の多いセメント製造、金属製造でCO_2が排出される仕組みを見てみましょう。

セメント製造

セメントを製造する際、原料の石灰石を焼成する工程が必要です。石灰石は炭酸カルシウムを主成分としているため、高温で熱分解が起こるとCO_2が発生します。

金属製造（鉄鋼業）

鉄鋼業の製鉄のプロセスでは、鉄鉱石をコークスによって還元させます。この過程で、鉄鉱石から取り除かれた酸素が炭素と結びつき、CO_2が発生します。

鉄鋼業からのCO_2排出量（エネルギー起源含む）は、日本全体の排出量の約13%を占め、主要な排出源の1つとなっています。

鉄鋼業

鉄鋼業における工業プロセス転換の動き

CO_2 の排出量が多い鉄鋼業では、水素を活用した新しい工業プロセスへの転換を進めています。

鉄鋼業界では、鉄の製造過程で発生する CO_2 に対して、どのような取り組みを進めているのか教えてください。

まずは現在、鉄の製造方法は「**高炉法**」「**直接還元法**」「**電炉法**」の３つが普及していますが、**高炉法ではコークス**が、**直接還元法では天然ガス**が使用されています。

コークスや天然ガスに含まれる炭素により、鉄鉱石の酸素を取り除くことができるのですよね。ただ、この時に**大量の CO_2** が発生すると聞きました。

はい。そのため、これらの代わりに**水素を使用するプロセス**（詳しくは右ページ）の開発が進められています。

水素であれば、使用しても CO_2 は発生しませんね。

そうですね。こうして CO_2 を削減して製造された「**グリーンスチール**」が、将来的に鉄鋼の主流になると言われています。

大量の CO_2
１トンの鉄を製造する際に約２トンの CO_2 が発生するといわれている。

グリーンスチール
国際エネルギー機関（IEA）によると、グリーンスチールの市場は2050年には約５億トンに達し、2070年にはほぼすべての鉄鋼生産がグリーンスチールに切り替わると予測している。

水素還元製鉄

水素還元製鉄とは、高炉で使用するコークスの一部を水素に代替する方法です。排出されるCO_2は回収し、有効利用する方法が検討されています。

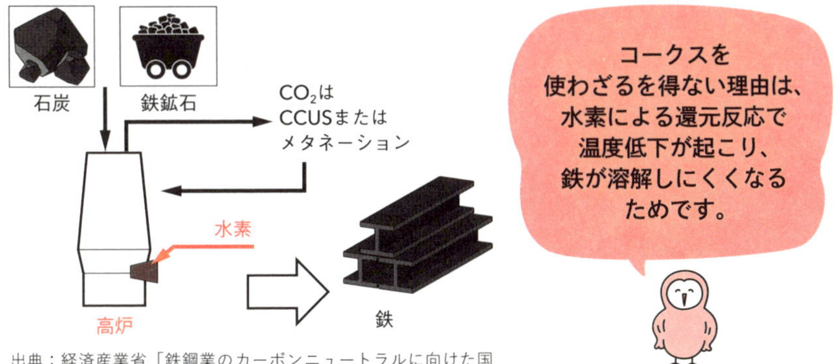

出典：経済産業省「鉄鋼業のカーボンニュートラルに向けた国内外の動向等について」をもとに作成

直接還元製鉄

直接還元製鉄とは、直接還元法で使用される天然ガスの代わりに水素を使用する方法です。すべてを水素に置き換えることでCO_2を大幅に削減できますが、還元した鉄の品位をよくするため電炉と組み合わせる必要があります。

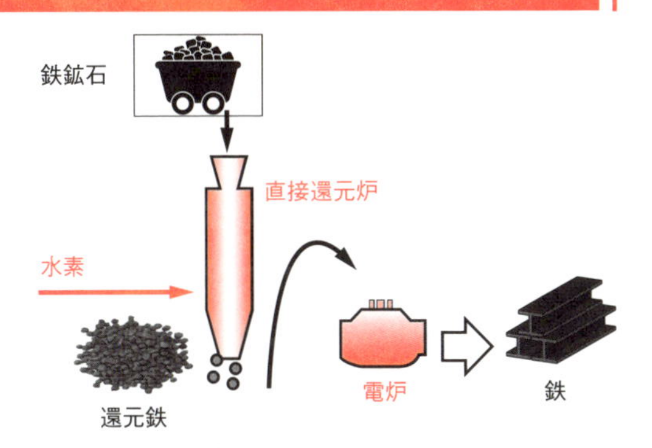

出典：経済産業省「鉄鋼業のカーボンニュートラルに向けた国内外の動向等について」をもとに作成

電炉による高品位鋼の製造

直接還元法で製造される還元鉄を電炉で溶解し、不純物を除去して高級鋼を製造する技術開発が進められています。

セメント製造

セメントの製造における工業プロセスの転換

原料の石灰石から発生する CO_2 削減のため、新しい工業プロセスの開発が進められています。

セメントを製造するには石灰石が必要です。石炭とは違って、代替するのは難しそうですね。

そうですね。石灰石を使う限り、**CO_2 が発生**します。そこで、**発生した CO_2 を再利用して石灰石を製造**するプロセスの開発が進められています。

そんなことが可能なんですか？

はい。セメントの焼成炉（**キルン**）の前段階で CO_2 を回収し、廃コンクリートなどから取り出したカルシウムに吸着させます。これにより**人工的に石灰石を生成する**ことができます。

もし実現すれば、CO_2 削減に加えて、新たに石灰石を使わないので、資源の循環利用にもつながりますね。

従来から、**セメントの原料には廃棄物が活用**されており、この新しいプロセスも脱炭素社会の実現に重要な役割を果たすでしょう。

CO_2 が発生
セメントの製造において、石灰石の分解などのプロセス由来の CO_2 排出量は全体の 60%程ある。

キルン
セメントを製造する際は焼成炉で、1,450 度の高温で原料を熱する。石灰石の分解による CO_2 は、キルンの前段にあたるプレヒーター内で大半が生成される。

CO_2を回収して再び原料に再利用する

セメントの製造過程では、主原料である石灰石の分解によって大量のCO_2が発生します。現在、開発が進む新しい製造プロセスでは、石灰石を焼成する工程で排出されるCO_2を回収し、廃コンクリートなどから取り出したカルシウムに吸着させることで、人工的に石灰石を生成し、原料として再利用します。このプロセスが実現されれば、原料由来のCO_2排出を大幅に削減することが可能と期待されています。

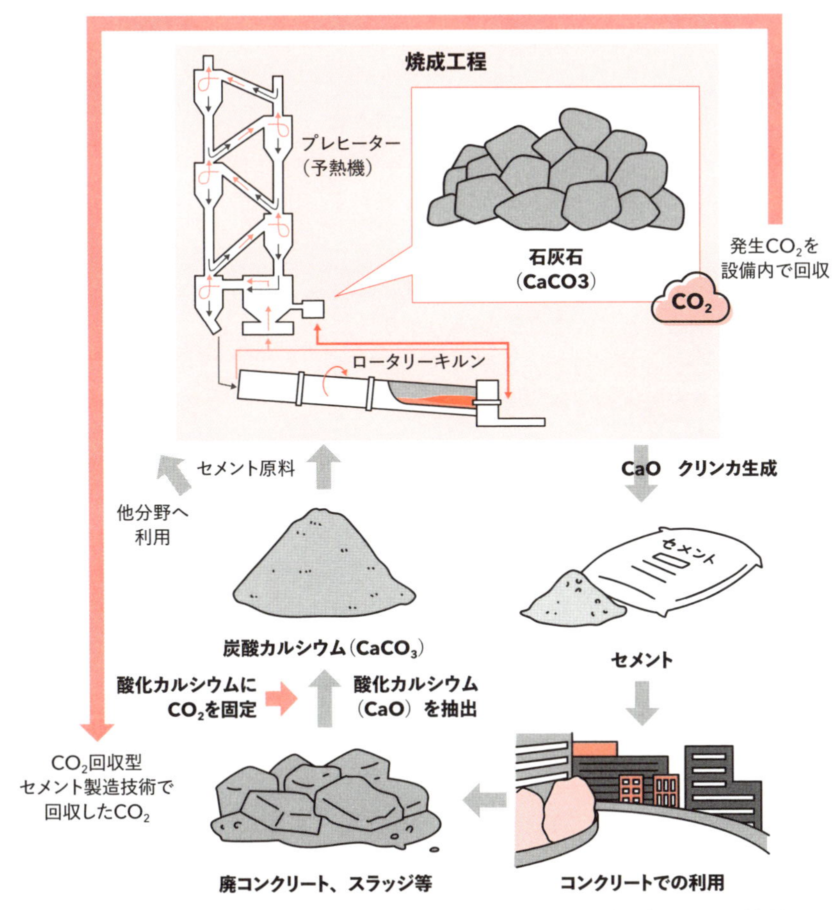

出典：資源エネルギー庁「コンクリート・セメントで脱炭素社会を築く!?技術革新で資源もCO_2も循環させる」をもとに作成

政府のグリーン成長戦略では、2030年までにこの新しいプロセスの実現を目指しています。

廃棄物処理

重要さが増していく サーキュラーエコノミー

廃棄物の処理による CO_2 排出を削減するためには、製品の設計から見直すことが重要です。

非エネルギー起源の CO_2 には、廃棄物の処理から排出されるものがあると聞きましたが、具体的にはどのようなものがありますか？

主に廃プラスチックや紙などの**廃棄物を焼却する際に排出される CO_2** があります。これらの CO_2 を削減するためには、**廃棄物の焼却量の削減**や**バイオプラスチック**の普及などが必要です。

まずは従来からある **3R** を推進することが基本ですね。

そうですね。さらに**「Renewable」（再生可能）が重要**です。従来は利用した資源は廃棄することが前提でしたが、現在では、製品の設計段階から廃棄物を出さずに再び資源を循環させる経済の仕組みが国際的に重視されています。これを**サーキュラーエコノミー**と呼びます。

プラスチック製品であれば、使い捨てを無くし、焼却されるものはバイオプラスチックで設計することが重要ですね。

バイオプラスチック
植物など再生可能な有機資源を原料としたプラスチックなどのこと。

3R
Reduce（リデュース）、Reuse（リユース）、Recycle（リサイクル）の略語で、廃棄物の削減、再利用、リサイクルを促進する方針や活動のこと。

サーキュラーエコノミー
循環経済。近年、ヨーロッパを中心に提唱されている新しい経済の仕組み。環境規制ではなく、経済を変える政策として各国が推進する。

廃棄物処理から排出されるCO_2

廃棄物分野から排出されるCO_2は、エネルギー利用や廃棄物の焼却などによって発生します。廃棄物の焼却量を減らしつつも、感染性廃棄物などの処理のため、完全に焼却をなくすことは困難です。そのため、排出されるCO_2を回収して燃料や原料として有効利用する「カーボンリサイクル」（→P160）を実現する廃棄物処理システムの構築が検討されています。

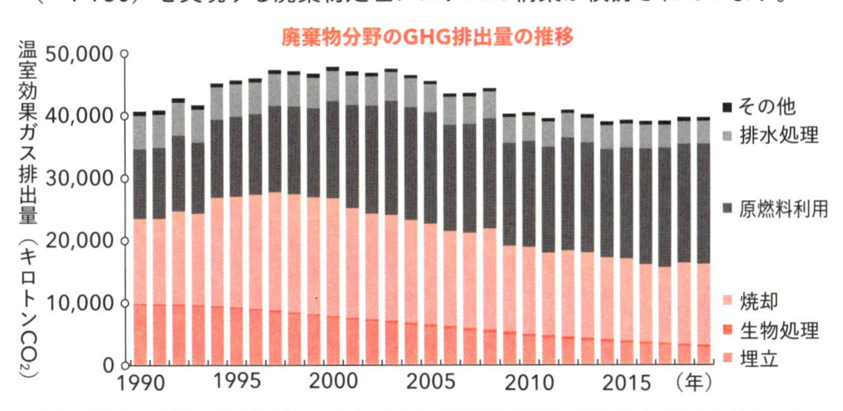

出典：環境省「廃棄物・資源循環分野における2050年温室効果ガス排出実質ゼロに向けた中長期シナリオ（案）」をもとに作成

脱炭素化に貢献するサーキュラーエコノミーとは？

これまでは廃棄物の排出を前提とし、3Rの推進などが重視されてきました。一方、サーキュラーエコノミーは、製品の設計段階から廃棄物を最小化し、資源を循環利用することを基本とした経済システムです。製品のライフサイクル全体でCO_2排出を削減することを目指し、サーキュラーエコノミーへの移行はカーボンニュートラルの達成に不可欠です。

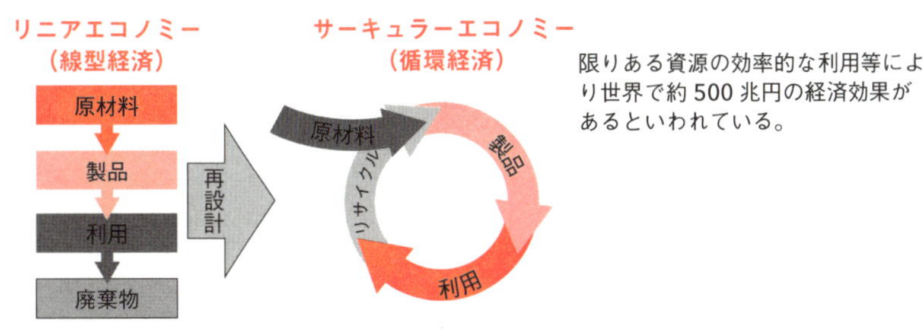

出典：環境省「令和３年版　環境・循環型社会・生物多様性白書」をもとに作成

循環経済への推進

サーキュラーエコノミーにかかわる日本政府の方針

政府はサーキュラーエコノミーへの移行に向けたビジョンや法の整備を進めています。

›››「循環経済ビジョン2020」とは?

近年、地球温暖化や海洋プラスチックごみなどの環境問題、人口増加や経済成長による資源制約が深刻化し、循環経済（サーキュラエコノミー：CE）への移行に関する国際的な取り組みが進んでいます。国内では、経済産業省が2020年5月に「循環経済ビジョン2020」を新たに策定しました。

本ビジョンでは、大量生産・大量消費・大量廃棄の「線形経済」から、資源を効率的に循環利用し、付加価値を最大化する「循環経済（下図参照）」への転換を目指しています。

具体的には、産業全体が、3R（リデュース、リユース、リサイクル）の延長線上ではなく、経営戦略として循環性の高いビジネスモデルに転換することが求められます。また、動脈産業と静脈産業の連携、投資家や消費者による適正な評価が重要です。

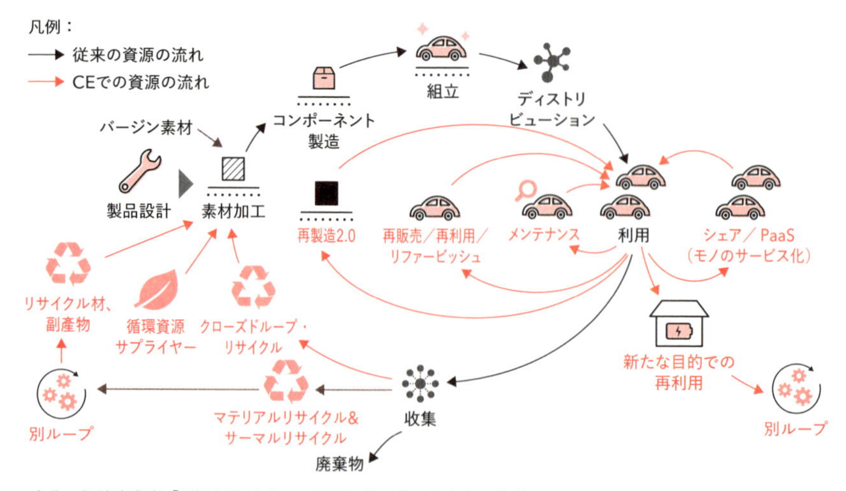

出典：経済産業省「循環経済ビジョン2020（概要）」をもとに作成

循環経済への転換に向けた対応の方向性

循環経済ビジョンを踏まえ、経済産業省は2023年3月に「成長志向型の資源自律経済戦略」を策定し、国内の資源循環システムの強化や国際市場の獲得に向けたイノベーションを推進しています。

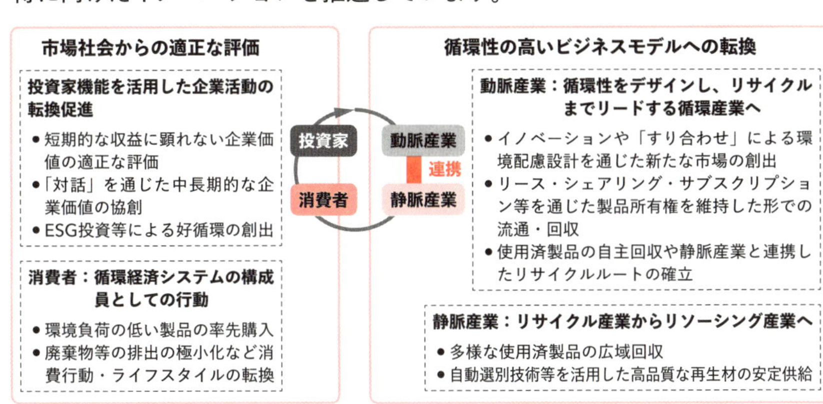

出典：経済産業省「循環経済ビジョン2020（概要）」をもとに作成

「プラスチック資源循環法」

環境省は「プラスチックに係る資源循環の促進等に関する法律」を2022年4月に施行しました。この法律はプラスチック使用製品の設計から廃棄までのライフサイクル全般にわたって、必要な措置を定めています。具体的には、プラスチック使用製品の設計や製造において、減量化、簡素化、再生プラスチックやバイオプラスチックの利用などが求められます。また、プラスチック使用製品の廃棄物を排出する事業者は、排出の抑制や再資源化への取り組みが求められ、特に多量排出事業者（年間250トン以上）は、その取り組みが不十分な場合、行政から勧告や命令などを受ける可能性があります。

出典：環境省「プラスチックに係る資源循環の促進等に関する法律」を参考に作成

参考資料

- 循環経済ビジョン 2020（本文）
  https://www.meti.go.jp/shingikai/energy_environment/junkai_keizai/pdf/20200522_02.pdf
- 成長志向型の資源自律経済戦略
  https://www.meti.go.jp/shingikai/energy_environment/shigen_jiritsu/pdf/20230331_1.pdf

炭素循環

カーボンリサイクルの必要性と重要性

CO_2を回収して、燃料や原料などに利用するカーボンリサイクルの取り組みが進められています。

カーボンニュートラルの実現には、再エネの利用、電化、水素化、合成燃料やメタネーション、バイオマスなど、さまざまな取り組みを組み合わせて進めることが重要ですね。

そのとおりです。しかし、これらの取り組みをすべて行っても、**2050年までにカーボンニュートラルを達成するのは難しい**です。火力発電所や**素材産業**、石油精製産業など一部の分野では、**どうしてもCO_2の排出を完全には避けられない**からです。

そういった場合には、どうすればいいのでしょうか？

その場合、CO_2を回収して除去したり、燃料や原料として有効利用したりする「**カーボンリサイクル**」が必要です。

CO_2ってリサイクルできるんですか？

はい。さまざまな**カーボンリサイクル技術の開発**が進められています。

素材産業
鉄鋼、化学、非鉄金属、セメント、紙パルプなど。国内の産業部門のCO_2排出の約8割が素材産業に由来している。

カーボンリサイクル技術の開発
カーボンリサイクルに重要なCO_2回収プラントの実績は、日本企業がトップシェアを誇り、数多くの特許も取得している。

カーボンリサイクルとは？

カーボンリサイクルとは、火力発電や鉄鋼、化学工業などから排出されるCO_2を回収し、燃料や化学製品などの原料として有効利用する技術です。カーボンリサイクルは、政府のグリーン成長戦略でも重要な取り組みとされています。

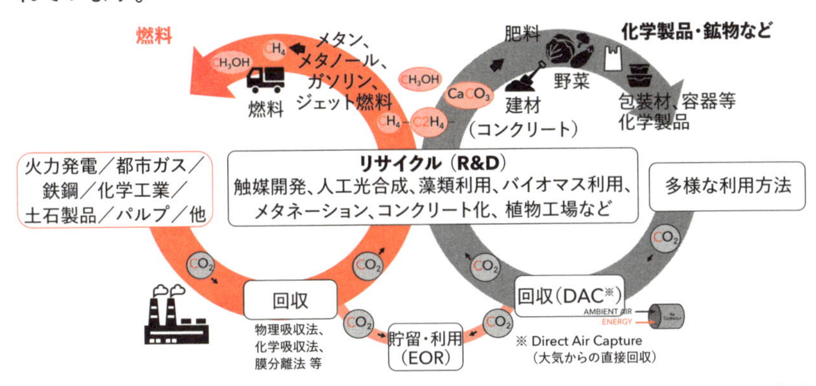

出典：資源エネルギー庁『CO_2削減の夢の技術！進む「カーボンリサイクル」の開発・実装』をもとに作成

カーボンリサイクルによるCO_2の利用先

カーボンリサイクルによるCO_2の利用先としては化学品、燃料、鉱物などが考えられます。経済産業省は「カーボンリサイクル技術ロードマップ」を公表し、2030年頃からCO_2を再利用した製品が普及し始めるとしています。

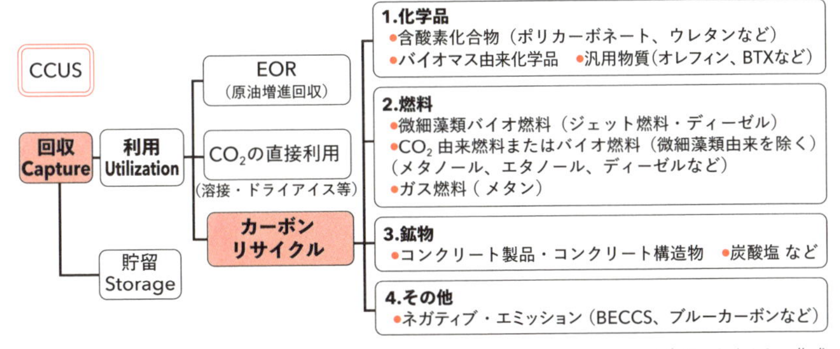

出典：資源エネルギー庁『未来ではCO_2が役に立つ?!「カーボンリサイクル」でCO_2を資源に』をもとに作成

CCUS（Carbon dioxide Capture, Utilization and Storage）とは、CO_2を回収して貯留することに加え、有効利用する技術をいいます。その1つにカーボンリサイクルが位置づけられています。

CO₂の除去

ネガティブエミッション技術の種類を知ろう!

カーボンニュートラルの切り札として、CO_2除去技術が注目されています。

カーボンニュートラルを実現するためには、排出されたCO_2を除去することも不可欠ですよね。

そうですね。**大気中のCO_2を回収、吸収し、貯留、固定化する技術を「ネガティブエミッション技術（NETs）」**と呼びます。この技術は現在、国内外の政府や企業から注目されています。

具体的にはどんな技術があるのでしょうか？

たとえば、**大気中のCO_2を直接回収して貯留**する**DACCS**という技術があります。この技術は、すでに海外で実用化が進んでいます。

しかし、大気中のCO_2はかなり**低濃度**なので、技術的なハードルも高そうです。

除去に必要な**エネルギーやコストを削減することが課題**となっています。NETsはあくまでも排出された分のCO_2を減らす補完的な役割として期待されています。

DACCS
DAC（Direct Air Capture：大気中のCO_2を直接回収）とCCS（Carbon dioxide Capture and Storage：CO_2の回収と貯留）を組み合わせた技術。

低濃度
大気中のCO_2の濃度は0.04％程度。大気からCO_2を回収するには多大なエネルギーが必要とされる。

カーボンニュートラル実現に必要なCO_2の除去

カーボンニュートラルを実現するためには、省エネ、エネルギーの脱炭素化、非エネルギー起源のCO_2の削減が重要です。しかし、避けられないCO_2の排出については、NETsによりCO_2を除去する必要があります。

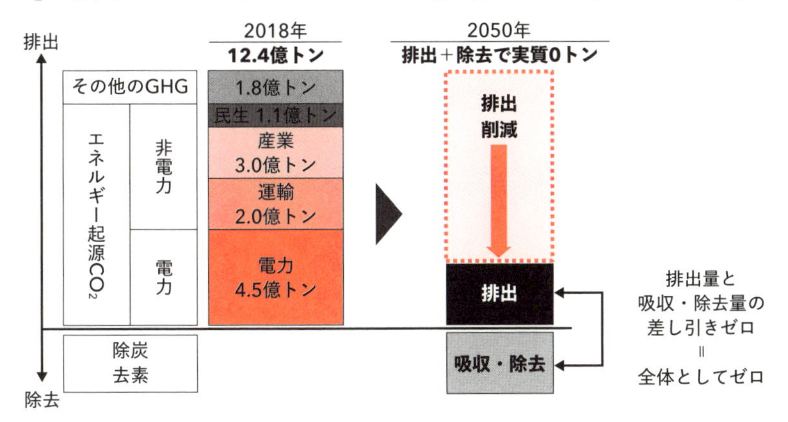

出典：資源エネルギー庁『「カーボンニュートラル」って何ですか？（前編）～いつ、誰が実現するの？』をもとに作成

NETsの種類

植林・再生林		植林は新規エリアの森林化、再生林は自然や人の活動によって減少した森林の再生・回復
土壌炭素貯留		バイオマス中の炭素を土壌に貯蔵・管理する技術（バイオ炭を除く）
バイオ炭		バイオマスを炭化し炭素を固定する技術
BECCS		バイオマスエネルギー利用時の燃焼により発生したCO_2を回収・貯留する技術
DACCS		大気中のCO_2を直接回収し貯留する技術
風化促進		玄武岩などの岩石を粉砕・散布し、風化を人工的に促進する技術。風化の過程(炭酸塩化)でCO_2を吸収
ブルーカーボン	海洋肥沃・生育促進	海洋への養分散布や優良生物品種等を利用することにより生物学的生産を促してCO_2吸収・固定化を人工的に加速する技術。大気中からのCO_2の吸収量の増加を見込む
ブルーカーボン	植物残渣海洋隔離	海洋中で植物残渣に含まれる炭素を半永久的に隔離する方法（自然分解によるCO_2発生を防ぐ）ブルーカーボンのみならず外部からの投入を含む
海洋アルカリ化		海水にアルカリ性の物質を添加し、海洋の自然な炭素吸収を促進する炭素除去の方法

出典：経済産業省「ネガティブエミッション技術について」をもとに作成

NETsは将来の成長産業として、ビジネス面でも注目を集めています。

進む技術開発と産業化

新技術の実用化に向けた政府と企業の取り組み

カーボンリサイクルやNETsの技術と実現に向けた国内外の政府、企業の動向です。

››› CO_2からプラスチック原料のオレフィンを製造する研究

国立研究開発法人 新エネルギー・産業技術総合開発機構（NEDO）のプロジェクトで、株式会社IHIは「CO_2を原料とした直接合成反応による低級オレフィン製造技術の研究開発」に取り組んでいます。低級オレフィンとはエチレンやプロピレンなどのことであり、プラスチック製品をはじめ主要な基礎化学品の原料となるものです。

従来、低級オレフィンは原油由来のナフサの熱分解により製造されていますが、本プロジェクトでは石油化学プラントの排ガスから回収したCO_2と水素を原料とします。

IHIは、これまで効率的にオレフィンを製造できる触媒の開発に成功しており、さらなる触媒の高性能化や反応設備の開発を進めています。

››› 川崎重工業のDACCSの取り組み

川崎重工業は、40年程前から潜水艦や宇宙船の閉鎖空間でのCO_2除去技術として、固体吸収材を用いたCO_2分離回収技術を開発してきました。2010年頃からは、この技術を用いて排ガス中のCO_2を低コストで分離回収する技術の開発も進めています。さらに、2019年からは環境省事業として、DACの早期実現に向けた研究や開発、実証を行っています。

同社の技術の特徴は、低濃度のCO_2を吸収するのに適した吸収剤（多孔体にアミンを担持したもの）を使用し、60度程度の低温でCO_2を回収できることです。

一部の報道によると、川崎重工業は2030年にDACの事業規模を約500億円に成長させる方針です。2025年頃には年2万トンのCO_2を回収するプラントで実証し、事業を開始した後、2030年には年間50万から100万トンの大型設備の建設を目指すとしています。

››› ClimeworksによるDACの実用化

スイスの新興企業 Climeworks（クライムワークス）は、大気中から CO_2 を直接回収する DAC 技術を活用したプラントを稼働させています。2021 年 9 月、アイスランドで年間 4,000 トンの CO_2 を回収できるプラントの運転を開始し、2024 年 5 月には年間 3 万 6,000 トンの CO_2 を回収する世界最大規模のプラントを稼働させました。このプラントは地熱発電所の近くに建設され、地熱エネルギーを活用しています。

Climeworks の DAC 技術は、巨大な扇風機のような装置で CO_2 を回収し、特殊なフィルターで吸着します。吸着された CO_2 は地下深くに注入されて固定化されます。同社は、Microsoft、Shopify、Stripe、日本では ANA など多くの企業と提携しており、世界中から注目を集めています。

Climeworks の DAC 技術のイメージ

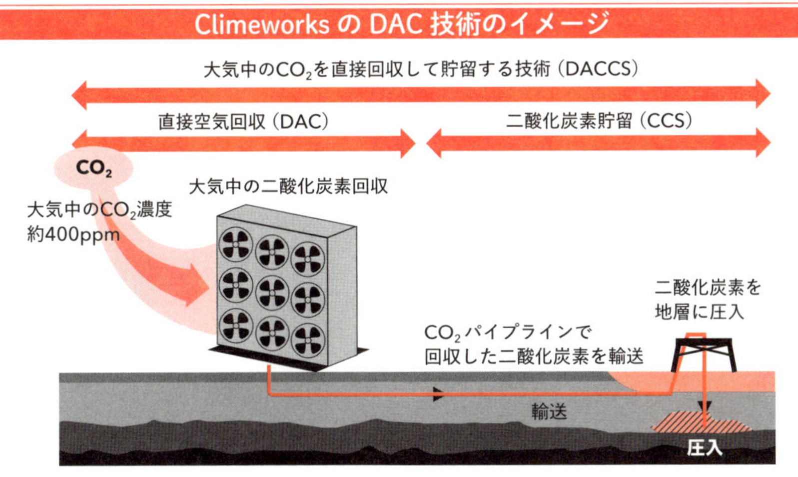

出典：国立研究開発法人 新エネルギー・産業技術総合開発機構「NETsの政策・技術動向」を参考に作成

COLUMN

国内で200年分のCO_2を貯留できる可能性あり！

CO_2を貯留する技術に期待が高まる中、日本の沿岸にはCCSに適した地層がたくさんありそうだということがわかってきました。

国際エネルギー機関（IEA）の報告によると、2050年までに世界全体のCO_2排出量の約2割をCCS技術で貯留する必要があります。日本でも2030年のCCSの社会実装を目指し、さまざまな取り組みが進められています。

経済産業省による「二酸化炭素貯留適地の調査事業」によると、日本の沿岸部には約2,400億トンのCO_2貯留ポテンシャルがあると推定されています。この量は、日本の年間CO_2排出量の約200年分に相当。ただし、この推定値は不確実性があり、さらなる詳細な調査が必要だとされています。

日本国内では、北海道苫小牧市や佐賀県佐賀市などでCCSの実証実験が進められ、実用化に向けた成果も出始めています。CCSの実用化には多額なコストや漏洩リスクなどの課題もありますが、2050年のカーボンニュートラル達成に向けて重要な役割を果たすと期待されています。

2030年のCCSの社会実装化に向けて、貯留可能性がある地点の地質や貯留性能から、地域の社会受容性や経済性など、さまざまな調査が行われています。

第8章

CO_2以外の温室効果ガス

温室効果

CO_2以外の温室効果ガスとは?

CO_2 以外の温室効果ガスは CO_2 よりも強力な温室効果を持ち、削減が急がれます。

温室効果ガス（GHG）には、CO_2 以外に「**メタン**」「**一酸化二窒素**」「**フロン類等**」があります。それぞれどんなガスなのですか？

CO_2 以外の温室効果ガスの排出量は全体の**1割未満**ですが、温暖化をもたらす効果は**CO_2 よりも非常に高い**ため、削減する必要があります。

具体的にはどれくらいの温室効果があるのですか？

たとえば、メタンは CO_2 の**28倍**、一酸化二窒素は**265倍**、フロンの一種のハイドロフルオロカーボン類（HFCs）は**1,300倍**の温室効果があります。

そんなに効果が大きいんですね！

カーボンニュートラルは主に CO_2 の削減を目的にしていますが、他の温室効果ガスに対策を講じることも非常に重要なんですよ。

メタン
天然ガスの主成分。大気中に放出されるメタンの約40%は自然起源、約60%は人為起源のもの。

一酸化二窒素
N_2O。亜酸化窒素、酸化二窒素ともいう。常温常圧では無色の気体。麻酔作用があり、笑気とも呼ばれる。

フロン類等
フルオロカーボンの総称で、温室効果の他、オゾン層破壊効果も持つ。オゾン層を破壊するクロロフルオロカーボン（CFC）を代替するために開発された代替フロンもある。

CO_2以外の温室効果ガスの排出量

日本の温室効果ガスの排出量のうち9割以上はCO_2が占めていて、残りはメタンなどのCO_2以外の温室効果ガスです。CO_2以外の温室効果ガスには下の図にも掲載されているメタン、一酸化二窒素、代替フロン等4ガスの他、HFCs、パーフルオロカーボン類、六フッ化硫黄、三フッ化窒素などがあります。

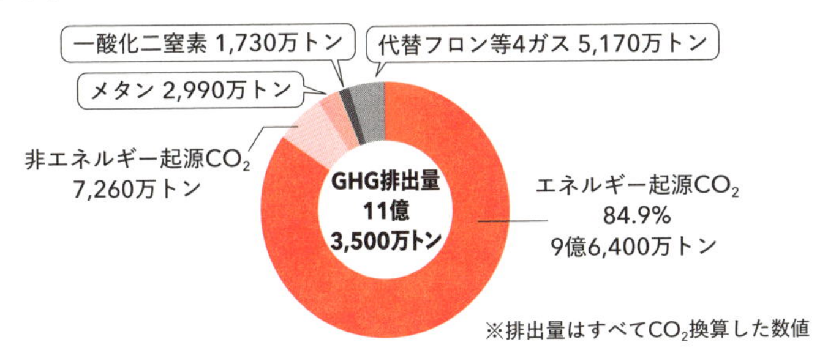

出典：環境省「2022年度の温室効果ガス排出・吸収量（詳細）」をもとに作成

CO_2以外の温室効果ガスの温室効果

CO_2以外の温室効果ガスは排出量は少ないものの、温暖化をもたらす効果が非常に大きいのが特徴です。下図は温室効果ガスの効果を数値化したものです。カーボンニュートラル達成のためには、これらの温室効果ガスの削減が不可欠です。

温室効果ガス	地球温暖化係数※	用途、排出源
CO_2	1	化石燃料の燃焼など
メタン	28	稲作、家畜の消化管内発酵（げっぷ等）や排せつ物、化石燃料の採掘時の漏出、廃棄物の処理など
一酸化二窒素	265	燃料の燃焼、農用地の土壌、家畜排せつ物、廃棄物の処理など
HFCs	1,300など	スプレー、エアコンや冷蔵庫など の冷媒、化学物質の製造プロセス など
パーフルオロカーボン類	6,630など	半導体の製造プロセスなど
六フッ化硫黄	23,500	電気の絶縁体など
三フッ化窒素	16,100	半導体の製造プロセスなど

※「地球温暖化係数」とは、CO_2を基準とした温室効果の程度を示す値です。ガスによって寿命が異なり、見積もる期間により係数は変わります。

出典：全国地球温暖化防止活動推進センター「1-02　温室効果ガスの特徴」及び経済産業省「参考資料3　主な温室効果ガスの温暖化係数一覧」を参考に作成

代替フロン

冷媒で使用される代替フロンとは?

温室効果の大きい代替フロンの排出量は、年々増加し続けています。

生活の中でもよく耳にする「代替フロン」について詳しく知りたいです。

代替フロンは、オゾン層を破壊する「**特定フロン**」の代わりに使われるガスで、代表的なものにHFCs（→ P168）があります。HFCsは、主に**空調機器の冷媒として使用**されていますが、その排出量は年々増えています。

フロン類は**法律**で排出の抑制や回収が規制されていますが、空調機器の使用時や廃棄時にガスが漏れてしまう可能性があるそうですね。

ええ。そのため政府は、代替フロンの漏洩防止や回収の徹底に加え、**温室効果の小さい「グリーン冷媒」への転換**を進めています。

グリーン冷媒には代替フロンの代わりに何が使われますか？

CO_2、アンモニア、空気などが冷媒として使用されることが検討されています。

特定フロン
オゾン層破壊効果や高い温室効果があるクロロフルオロカーボン（CFC）やハイドロクロロフルオロカーボン（HCFC）などのフッ素と塩素を含む化合物。

法律
「オゾン層保護法」や「フロン排出抑制法」などにより、特定フロンや代替フロンに対する規制がある。近年、業務用エアコンなどの廃棄に対する規制が強化された。

大幅な増加傾向にあるHFCsの排出量

HFCsの排出量は、2004年頃から大幅に増加しています。これは、オゾン層を破壊するハイドロクロロフルオロカーボン類（HCFCs）からHFCsに代替されたことが主な原因です。特に、業務用冷凍空調機器や家庭用エアコンなどの冷媒からの排出が多く、HFCsの排出量の9割以上を占めています。

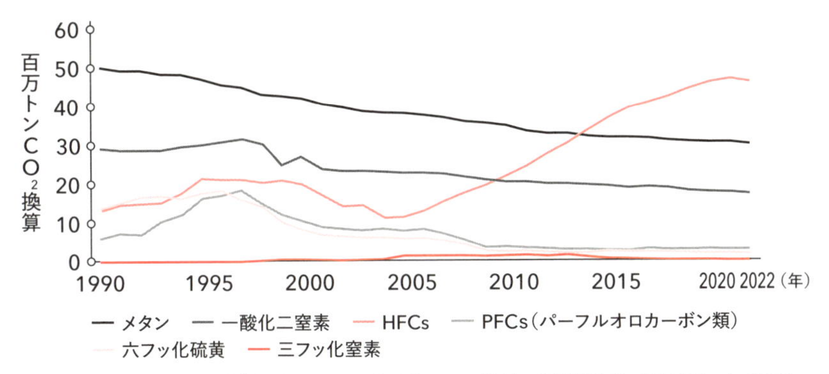

出典：国立環境研究所　温室効果ガスインベントリオフィス「日本の温室効果ガス排出量データ（1990～2021年度）」をもとに作成

「グリーン冷媒」への転換が進む

代替フロンはオゾン層を破壊しませんが、温室効果は非常に大きいことがわかっています。そこで、比較的温室効果の小さい「グリーン冷媒」への転換が進められています。

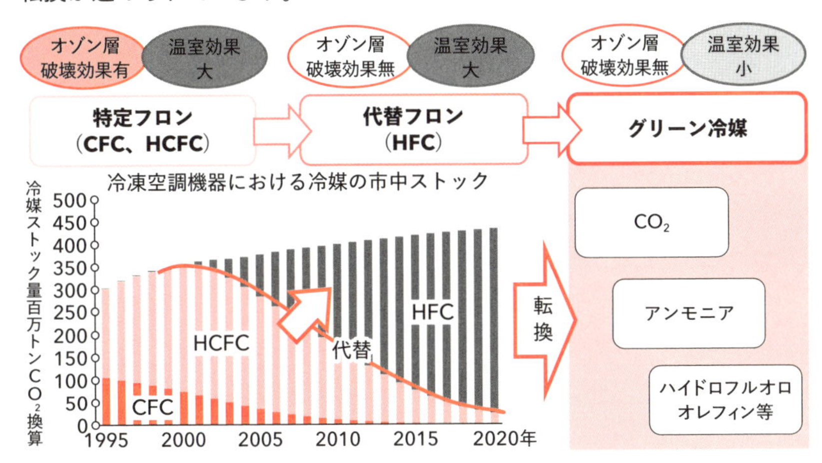

出典：環境省、経済産業省「代替フロンに関する状況と現行の取組について」をもとに作成

農業由来

農業から排出される温室効果ガス

メタンや一酸化二窒素の主な排出源は、農業に由来します。どこから排出されるのでしょうか。

メタンの排出源の多くは農業で、全体の8割以上を占めます。特に、**稲作や家畜由来**の排出がほとんどです。

稲作でもメタンが発生するんですか？

はい。水田に水を張ると土壌中の酸素が減り、**微生物の働きでメタンが生成**されます。また、一酸化二窒素も、**肥料を使用することで農地の土壌から排出**されます。

一方で、農地は土壌中に炭素を閉じ込め、**温室効果ガスの吸収源**にもなります。農業分野ではどのような取り組みが進められているのでしょうか？

たとえば、水田の**中干し**期間を延ばすことや、窒素を含む肥料の使用量を減らすなど、**環境保全型農業**を政府が推進しています。

稲作は日本を代表する農業なので、メタンを減らしつつ、おいしいお米をたくさん作ってもらいたいですね。

中干し
水田から水を抜いて、土壌にひびが入るまで乾燥させること。一般的には、夏頃、稲の肥料の吸収をよくするために行われる。

環境保全型農業
土づくり等を通じて化学肥料、農薬の使用等による環境負荷の軽減に配慮した持続的な農業をいう。農林水産省では、温暖化対策の一環として交付金制度を設置。

メタンの8割は農業由来

下図のようにメタンの排出源の82％（CO_2換算2,450万トン）が農業由来で、そのうち44％（1,310万トン）が稲作から排出されています。また、一酸化二窒素も農用地の土壌（施肥など）から最も多く排出されており、全体の30％（CO_2換算520万トン）を占めています（→P175の図参照）。

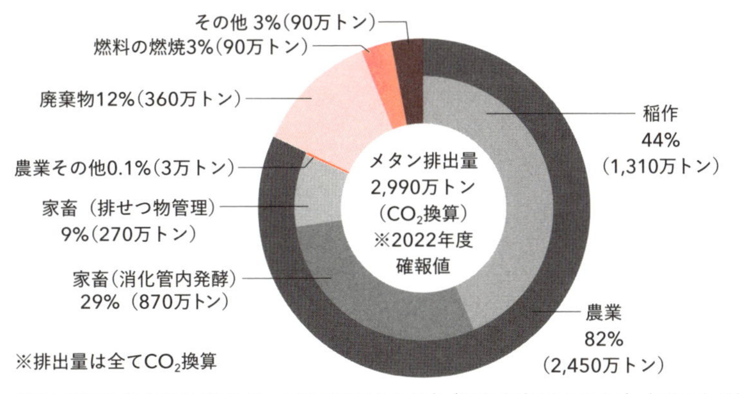

出典：環境省「温室効果ガス排出・吸収量等の算定と報告（2022年度2.8エネルギー起源CO_2以外）」をもとに作成

水田から排出されるメタン

水田の土壌には、酸素が少ない条件を好むメタン生成菌が存在します。水田に水が張られると土壌の酸素が減少し、メタン生成菌がメタンを生成。生成されたメタンは、水稲の茎や根を通じて大気中に放出されます。メタンの発生を抑えるためには、土壌中に酸素を供給することが必要で、一定の期間水田の水を抜き、土壌を乾燥させる「中干し」が有効です。農林水産省でも、このような環境保全型農業を推進しています。

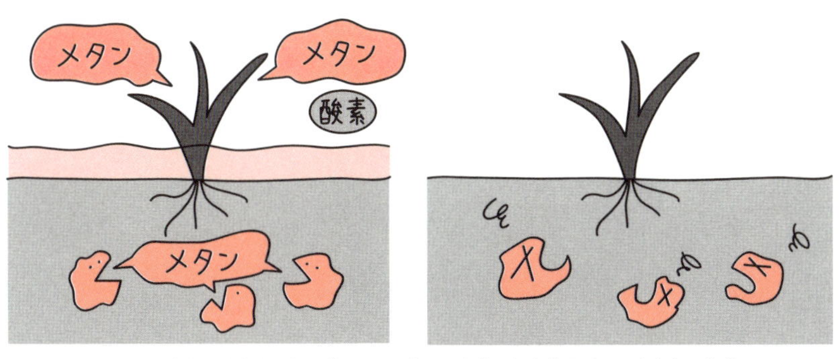

出典：独立行政法人農業環境技術研究所「メタン：水田から出る温室効果ガス」を参考に作成

牛のげっぷ

畜産業から排出される温室効果ガス

温室効果ガスは家畜からも多く排出されます。たとえば、牛のげっぷがその１つです。

家畜からのメタン排出について教えてください。どのようなものがあるのでしょうか？

主なものは家畜の消化管内発酵、つまり**家畜が出す「げっぷ」や「おなら」**です。

牛のげっぷが温暖化の原因の１つだと聞いたことがあります。牛や羊、ヤギなどは「**反すう**動物」と呼ばれ、メタンを含むげっぷをするんですよね。

そうです。さらに、**家畜の排せつ物からもメタンが排出**されます。また、一酸化二窒素も家畜の排せつ物から多く排出されます。

畜産分野では、これらの温室効果ガス削減のために、どのような取り組みを進めているのでしょうか？

たとえば、**家畜の生産性向上や飼料改善による排せつ物中の窒素量の減少、家畜排せつ物の有効利用**などが挙げられます。

牛のげっぷ
1頭の牛から、1日500Lのメタンが排出される。

反すう
一度飲み込んだ食べ物を胃から口へ何度か戻しながら消化すること。胃の中の微生物の働きによってメタンが発生し、大気中に放出される。

家畜から排出されるメタンと一酸化二窒素

メタンの排出量で稲作に次いで多いのが家畜由来です。家畜の消化管内発酵（げっぷなど）からは全体の29%、家畜の排せつ物からは全体の9%にそれぞれあたる量が排出されています。一酸化二窒素の排出量でも家畜の排せつ物が全体の20%を占めています。

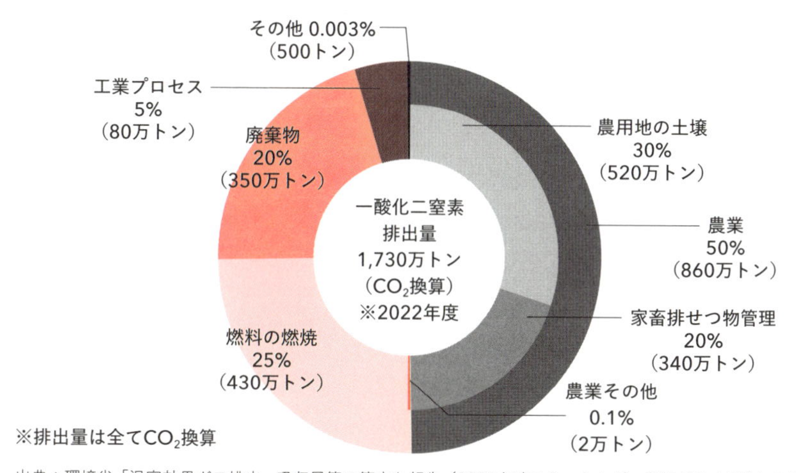

出典：環境省「温室効果ガス排出・吸収量等の算定と報告（2022年度2.8エネルギー起源CO_2以外）」をもとに作成

畜産分野における温室効果ガス削減対策

家畜の消化管内発酵や排せつ物から排出されるメタンや一酸化二窒素の削減のため、以下のような取り組みが進められています。

（1）家畜改良の推進
1頭当たりの生産性（乳量、生涯生産性、産肉量等）の向上。

（2）栄養管理技術の改善
低たん白質飼料などにより、家畜の排せつ物中の窒素量を削減することを目指す。

（3）排せつ物の適正管理
堆肥化やエネルギー利用（メタン発酵）の推進により、排せつ物の適正管理を目指す。

畜産業は生活に必要不可欠な食料を供給するだけでなく、食糧自給率の向上や地域経済の活性化にも寄与する重要な産業です。課題を克服し、持続可能性を高めてほしいですね。

第8章 CO_2以外の温室効果ガス

廃棄物由来

廃棄物の埋立や排水処理で生じる温室効果ガス

廃棄物の埋め立てや排水処理に伴って、メタンや一酸化二窒素が排出されます

日本のメタンの排出源を見ると、農業の次に多いのが廃棄物由来でしたね。具体的には何が原因なのでしょうか？

廃棄物の埋め立てや排水処理などによってメタンが発生します。埋め立てる廃棄物に紙くずや木くずなどの**有機性廃棄物**が含まれていると、微生物の働きでメタンが生成されるのです。

なるほど。排水処理からメタンが発生するのも微生物の働きによるものですか？

そうですね。また、排水処理からはメタンに加え、**一酸化二窒素も排出**されます。

削減対策として、どのような取り組みが行われているのでしょうか？

環境省では**廃棄物最終処分量の削減**を推進しています。また、東京都では新しい**下水処理法の導入**などの取り組みも進めています。

廃棄物最終処分量の削減
有機性の一般廃棄物の直接埋め立てを原則廃止し、ごみ有料化などによりごみ排出量の削減を図っている。

下水処理法の導入
東京都下水道局では「嫌気・同時硝化脱窒処理法」と呼ばれる新しい排水処理法を導入し、CO_2や一酸化二窒素の削減に取り組んでいる。

有機性廃棄物の埋め立て量の推移

日本のメタン排出量の排出源のうち、12%が廃棄物由来です（→P173）。その多くは、廃棄物の埋め立てや排水処理によって発生するものです。有機性廃棄物の埋め立て量は下図のように減少していますが、政府は今後も最終処分量の削減に取り組んでいく方針です。

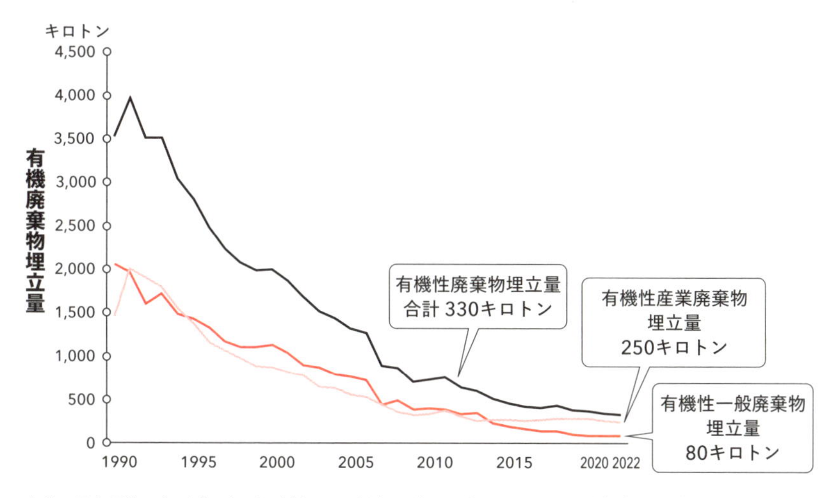

出典：国立環境研究所「日本の温室効果ガス排出量データ（1990〜2022年度）（確報値）」をもとに作成

廃棄物からの一酸化二窒素の排出源

日本の一酸化二窒素の排出源のうち20%が廃棄物由来であり（→P175）、その半分が排水処理に伴い発生するものです（下図参照）。具体的には下水の終末処理場や浄化槽などの排水処理の過程で生成されます。

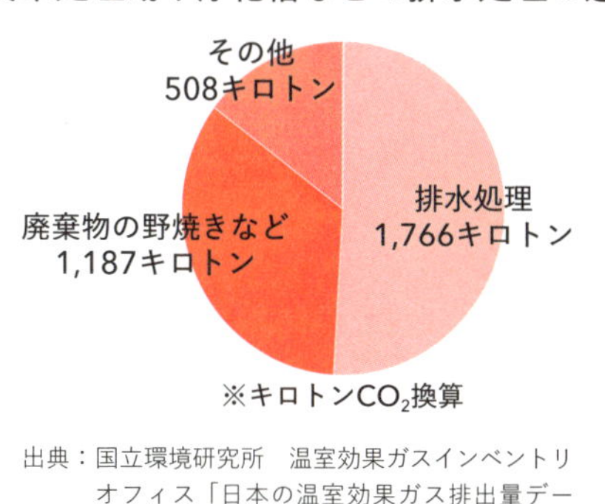

※キロトンCO_2換算

出典：国立環境研究所　温室効果ガスインベントリオフィス「日本の温室効果ガス排出量データ（1990〜2021年度）」をもとに作成

東京都下水道局が
新しい排水処理方法の
導入を決めるなど、
各所で対策が
進められています。

メタン漏出

化石燃料の採掘時に漏出するメタン

化石燃料は燃焼時だけでなく、採掘時にも漏出によって温室効果ガスが排出されています。

世界の温室効果ガスの排出源には、化石燃料の燃焼以外に「**化石燃料からの漏出**」があり、**全体の5.5%**を占めています。

「化石燃料からの漏出」って一体なんですか？

石炭や石油などを**採掘**する時に、**メタンが大気中に漏れること**です。意図的かどうかにかかわらず、原油や天然ガスの井戸や**パイプライン**などから漏れることがあります。

そうなんですね。燃焼だけでなく、採掘時にも温室効果ガスが出ているとは知りませんでした。

CO_2ほど注目されていませんが、見過ごせない問題ですよね。

ええ、全くそのとおりです。特に漏出が多い国では、漏洩対策と脱化石燃料の取り組みが今後重要視されるようになるでしょう。

採掘
化石燃料の採掘・処理・輸送・貯蔵などの各プロセスを含む。

パイプライン
パイプラインの事故や機器の故障などによって天然ガスが漏出するケースもある。

化石燃料採掘時に漏出するメタン

化石燃料の採掘などの過程で「漏出」が発生し、温室効果ガスが排出されます。漏出による排出量は、2016年の時点では世界全体の5.5％を占めていました。たとえば、石炭採掘時には炭層中のメタンが大気中に排出されたり、原油や天然ガスのパイプラインからメタンが漏れたりします。日本は漏出による排出量は少ないですが、世界的には無視できない量です。

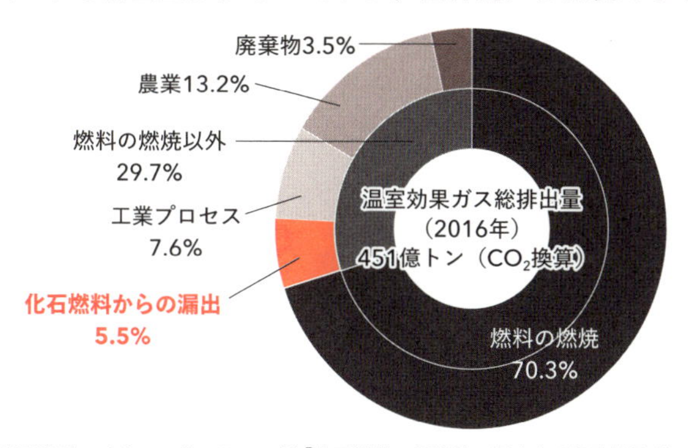

出典：三菱UFJリサーチ＆コンサルティング「化石燃料の採掘時に漏出する温室効果ガスの実態　～排出量算定に関する透明性・正確性向上が必要～」をもとに作成

化石燃料からの漏出による温室効果ガス排出量の推移

漏出による温室効果ガス排出量は、減少していません。排出量が最も多い中国では、炭鉱から出るメタンの焼却を義務付けていますが効果はあまり出ていないようです。将来的には、燃料の転換などの対策によって、漏出量の減少が期待されています。

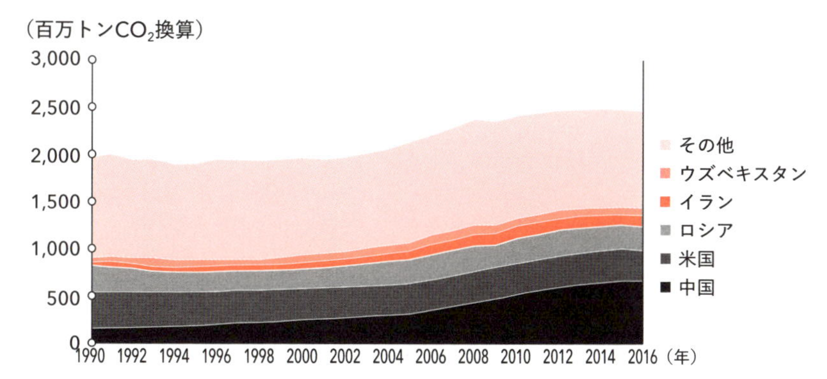

出典：三菱UFJリサーチ＆コンサルティング「化石燃料の採掘時に漏出する温室効果ガスの実態　～排出量算定に関する透明性・正確性向上が必要～」をもとに作成

企業の取り組み

温室効果ガス削減に取り組む企業の事例

代替フロンやメタンなど温室効果ガス削減に取り組む企業の事例をご紹介します。

代替フロンやメタンなど、CO_2 以外の温室効果ガスの削減も進めていく必要がありますよね。関連企業はどんな取り組みをしていますか？

たとえば、**冷媒や空調機器メーカーでは代替フロンに代わる、より温室効果の小さい冷媒の開発**に力を入れています。

グリーン冷媒に期待が集まっているんでしたよね。

そうです。また、水田でのメタン削減には、**J-クレジット制度**を活用した取り組みがあります。**農業機械メーカーなどがこれに取り組んでいます。**

メタン削減には、水田での中干し期間を延長することが有効でしたね。

はい。また、家畜の排せつ物から生成した**バイオメタン**を利用した製品製造など、企業間の連携による取り組みも行われているんですよ。

J-クレジット制度
CO_2 などの削減量や吸収量をクレジットとして国が認証する制度。温暖化対策に加え、農林漁業者等の収入源になると期待されている。

バイオメタン
家畜の排せつ物などから発生するバイオガスを精製し、メタン濃度を高めたもの。

温室効果ガス削減の企業の取り組み事例

ダイキン工業

代替フロンに代わる次世代冷媒の開発

ダイキン工業は、新エネルギー・産業技術総合開発機構（NEDO）のプロジェクトに参画し、地球温暖化係数（GWP）が低い新しい冷媒を開発。今後、新たなグリーン冷媒として幅広く適用していくことを検討しています。

クボタ

水田のメタン排出削減プロジェクト

クボタは、水稲栽培における中干し期間（→P172）を延長してメタン排出を削減するプロジェクトを始動。このプロジェクトは、J-クレジット制度を活用して削減した温室効果ガス量をクレジット化するものです。プロジェクトに参加する農業生産者は、クレジットの販売から収入を得ることができます。

J-クレジット制度を活用することで環境に貢献するだけでなく、大きなビジネスチャンスが生まれるといいですね。

出光興産

温室効果ガス削減可視化システム構築事業

出光興産は、全国肉牛事業協同組合が推進する「肉用牛生産における温室効果ガス削減可視化システム構築事業」に協力。この事業では、飼育や排せつ物の処理過程で排出されるメタンや一酸化二窒素の削減に取り組んでいます。具体的には、牛のげっぷを抑える混合飼料を提供し、温室効果ガスの排出量を可視化することで、肉用牛生産者に対策を提示することを目指しています。

パナソニックグループ＆エア・ウォーター

家畜ふん尿由来のバイオメタンの利用

パナソニックグループのパナソニックインダストリーは、エア・ウォーターが製造する家畜ふん尿由来のバイオメタンを、帯広工場の電力や製品材料に利用する取り組みを進めています。エア・ウォーターは、帯広市内で乳牛のふん尿からバイオガスを生成し、メタンを液化するプラントを建設しました。本事業により、地産地消のエネルギー供給モデルの構築を目指しています。

出光興産やパナソニックグループ、エア・ウォーターの取り組みにより、畜産業が盛り上がることが期待されています。

COLUMN

バイオ炭で目指す カーボンニュートラルな農業

**農業の現場で注目を集める「バイオ炭」。
CO_2 を土壌に閉じ込めることができ、さらに土壌の改良や
作物の成長促進にもつながると考えられています。**

農地の土壌には、光合成で吸収した CO_2 由来の炭素を含む有機物が豊富にあります。この有機物は微生物によって分解され、一部は CO_2 として大気中に放出されますが、分解されずに土壌に蓄積されることもあります。分解されにくい形で有機物を土壌に閉じ込めることで、炭素貯留量を増やすことが可能です。

その方法の１つとして注目されているのが「バイオ炭」です。

バイオ炭は木材やもみ殻などを炭化したもので、土壌の水分保持力を高めるなど、長年土壌改良資材として利用されてきました。

バイオ炭は微生物によって分解されにくいため、長期間にわたって土壌に炭素を閉じ込めることができます。

しかし、バイオ炭には肥料効果がなく、コストもかかるため、日本ではあまり普及が進んでいません。

そこで、新エネルギー・産業技術総合開発機構（NEDO）は肥料効果を持ち、農作物の収量を増やす高機能なバイオ炭の開発を進めています。

こうした環境価値の高い農業技術がカーボンニュートラル達成の鍵を握ると期待されています。

バイオ炭は炭素貯留の有効な方法として、J-クレジット制度の対象になっています。さらに政府はさまざまな支援策を策定し、バイオ炭の普及に力を入れています。

第9章

これからの世界で企業に求められること

事業環境

事業環境の変化はどんな影響をもたらすか

カーボンニュートラルを目指す動きが加速する中、企業を取り巻く環境はどう変わるのでしょうか。

カーボンニュートラルに向けた世界的な取り組みで、企業の事業環境は大きく変わりそうですね。

そうですね。さまざまな変化が起こると考えられます。**業界や取引先から脱炭素化を求められる**ことが増えるでしょう。

日本は2030年までに温室効果ガスを**46%削減**する目標を立てています。目標を達成するためには各業界の取り組みが必要ですね。

そのとおりですね。**地球温暖化対策計画**では、産業、運輸、家庭など部門ごとに2030年度までの削減目標や目安が設定されています。

そうなんですね。私もまずは自社の部門の排出状況を確認してみます。

事業環境の変化にはリスクもありますが、これをどのようにビジネスチャンスに変えるかが重要です。

46%削減
日本は2021年4月に、2030年度において、温室効果ガス46%削減（2013年度比）を目指すこと、さらに50%の高みに向けて挑戦を続けることを表明している。

地球温暖化対策計画
地球温暖化対策推進法（温対法）に基づく計画。2021年10月22日に閣議決定し、5年ぶりに改定。すべての温室効果ガスに対し、対策や施策を記載。46%削減目標達成の道筋が描かれている。

カーボンニュートラルがもたらす事業環境の変化

顧客や取引相手、金融機関、労働者の考え方や行動の変化によって、企業には事業環境の変化の対応が求められています。下の図は主な事業環境の変化の例をまとめたものです。

出典：経済産業省 関東経済産業局「カーボンニュートラル時代の企業経営 －事業環境の変化と求められる対応－」をもとに作成

部門ごとの温室効果ガス削減目標

（単位：百万トン-CO_2）

	2013年度実績	2019年度実績（2013年度比）	2030年度の目標・目安※1（2013年度比）
温室効果ガス排出量・吸収量	1,408	1,166※2（▲17%）	760（▲46%※3）
エネルギー起源CO_2	1,235	1,029（▲17%）	677（▲45%）
産業部門	463	384（▲17%）	289（▲38%）
業務その他部門	238	193（▲19%）	116（▲51%）
家庭部門	208	159（▲23%）	70（▲66%）
運輸部門	224	206（▲8%）	146（▲35%）
エネルギー転換部門※4	106	89.3（▲16%）	56（▲47%）
非エネルギー起源CO_2	82.3	79.2（▲4%）	70.0（▲15%）
メタン（CH_4）	30.0	28.4（▲5%）	26.7（▲11%）
一酸化二窒素（N_2O）	21.4	19.8（▲8%）	17.8（▲17%）
代替フロン等4ガス※5	39.1	55.4（＋42%）	21.8（▲44%）
温室効果ガス吸収源	－	▲45.9	▲47.7
二国間クレジット制度（JCM）	官民連携で2030年度までの累積で、1億トン-CO_2程度の国際的な排出削減吸収量を目指す。我が国として獲得したクレジットを我が国のNDC達成のために適切にカウントする。		

出典：環境省「地球温暖化対策計画」（令和3年10月22日）をもとに作成

横の図は各部門の2013年度と2019年度の温室効果ガスの排出量・吸収量をふまえて設定された、2030年度の目標・目安を示したものです。

※1 エネルギー起源CO_2の各部門は目安の値。
※2 温室効果ガス総排出量から温室効果ガス吸収源による吸収量を差し引いたもの。
※3 さらに、50%の高みに向け、挑戦を続けていく。
※4 電気熱配分統計誤差を除く。そのため、各部門の実績の合計とエネルギー起源CO_2の排出量は一致しない。
※5 HFCs、PFCs、SF_6、NF_3の4種類の温室効果ガスについては暦年値。

部門別の現状

部門ごとのCO_2排出量とエネルギー消費量

現状のCO_2排出量やエネルギー消費量を部門別に見ていきましょう。

››› 部門別エネルギー消費とCO_2排出量の推移

下の図は「令和4年度エネルギーに関する年次報告（エネルギー白書2023)」に掲載された「最終エネルギー消費と実質GDPの推移」と題されたグラフです。これを見ると、経済成長を続けながらもエネルギー消費を抑えていることがわかります。運輸や家庭部門では自動車の普及などにより、1973年に比べてエネルギー消費量が大幅に増加していますが、産業部門では製造業を中心に省エネが進んでおり、エネルギー消費は以前と比べても同水準以下に抑えられています。

CO_2排出量は、2013年度と比較すると各部門で大幅に減少しています。排出量の内訳は、産業部門からの排出量が最も多く、全体の38%（2021年度の数値）を占めています。

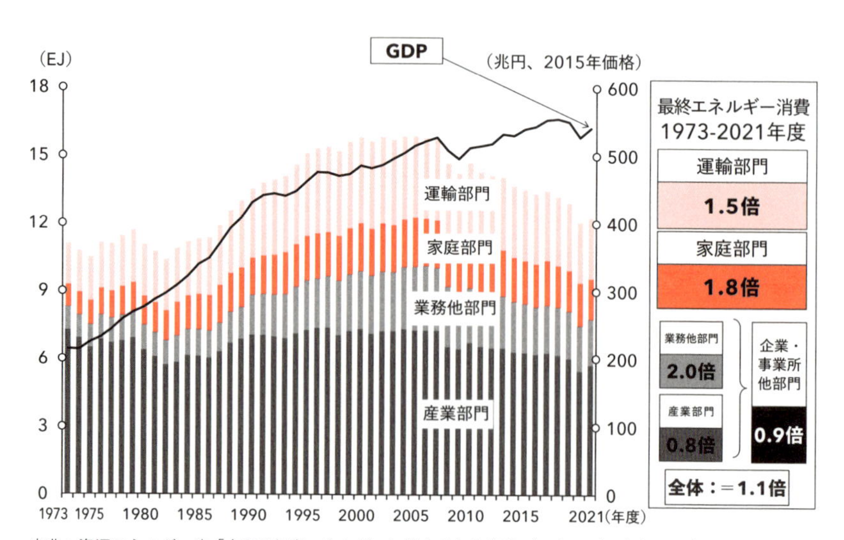

出典：資源エネルギー庁「令和4年度エネルギーに関する年次報告（エネルギー白書2023)」をもとに作成

>>> 各部門のエネルギー起源CO_2排出量の内訳

（1）運輸部門

運輸部門とは、乗用車・バス・二輪車などの自動車、鉄道、国内船舶、国内航空をいい、旅客や貨物の輸送でエネルギー起源CO_2を排出します。全体の排出量の約6割が旅客輸送、約4割が貨物輸送に起因しています。

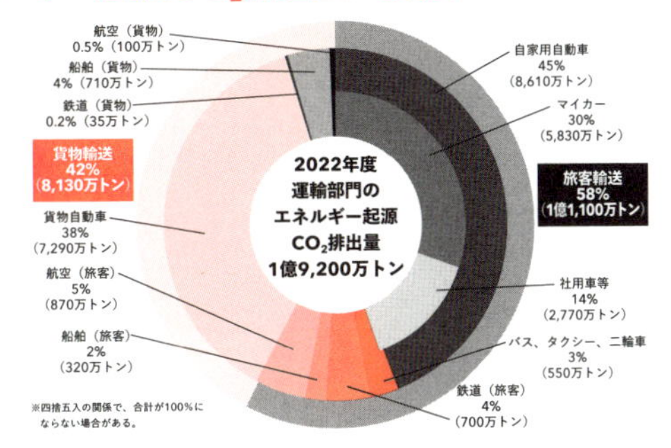

（2）産業部門

産業部門は、製造業、農林水産業、鉱業、建設業などを含みます。鉄鋼業からのCO_2排出量が最も多く、次いで化学工業、機械製造業が続き、上位3業種で全体の排出量の65%を占めています。

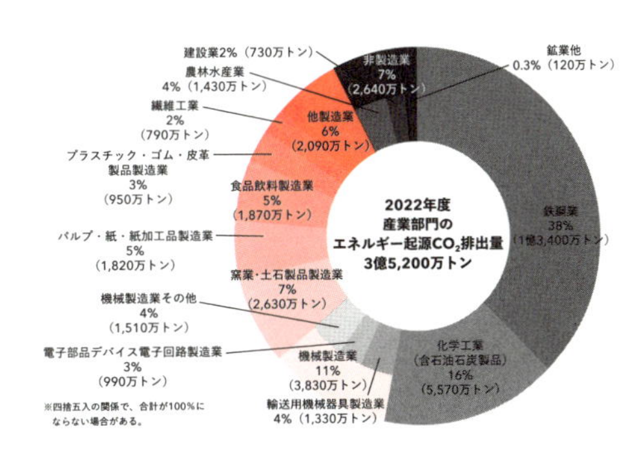

（3）民生部門（業務その他部門、家庭部門）

民生部門は「業務その他部門」と「家庭部門」に大別され、このうち業務その他部門は、情報通信、卸小売、宿泊飲食業など、主に第三次産業に属する業種をいいます。卸売業・小売業からの排出が最も多く、次いで、宿泊業・飲食サービス業、医療・福祉と続いています。業務その他部門、家庭部門の両方で、電力消費による排出が最も大きな要因です。

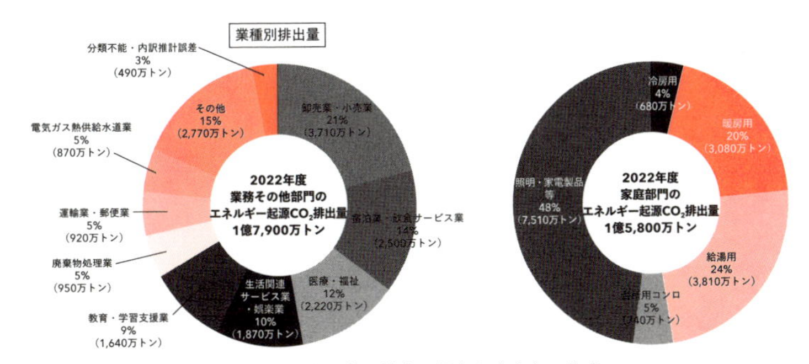

出典：環境省「温室効果ガス排出・吸収量等の算定と報告」をもとに作成

運輸部門

運輸部門の課題と取り組み

運輸部門の課題は燃料の脱炭素化。EV 普及や脱炭素燃料への取り組みが重要です。

運輸部門からの CO_2 排出量は**排出量全体の約2割**を占めています。CO_2 削減に向けた課題はなんでしょう？

燃料の脱炭素化です。特に自動車から排出される CO_2 の割合が大きく、電気自動車（EV）や燃料電池車などの**電動車**の普及が重要です。

電動車の普及率はどれくらいですか？

2022 年時点で乗用車の販売台数全体の 49%を占めています。政府は**2035 年までに電動車の新車販売 100%を目標**に掲げています。

航空や船舶の分野ではどうでしょうか？

燃料効率を改善していきながら、航空分野では **SAF** と呼ばれる脱炭素燃料への切り替えを目指し、技術開発が進められています。

電動車
電気自動車（EV・BEV）、燃料電池自動車（FCV・FCEV）、プラグインハイブリッド自動車（PHV・PHEV）、ハイブリッド自動車（HV・HEV）などの総称。これらにグリーンディーゼル車を加えたものを次世代自動車という。

SAF
持続可能な航空燃料のことで Sustainable Aviation Fuelの略。廃棄物やサトウキビなどが原料。現状では、世界的に SAF の生産量が不足することが課題。

次世代自動車の普及拡大に向けて

運輸部門でのCO_2削減対策としては、次世代自動車を普及拡大していくことが重要です。下の図は次世代自動車の新車販売台数を表したものです。

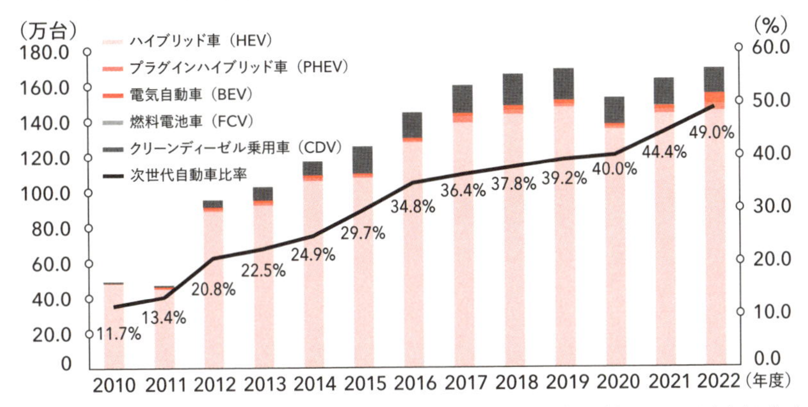

出典：国土交通省・経済産業省「乗用自動車及び貨物自動車の燃費制度の現状と論点について」をもとに作成

☑ 政府の目標

2035年に**乗用車新車販売で電動車100%**を目指す。商用車では2030年に8トン以下の新車販売で電動車20～30%（保有車両で非化石車両5%）、8トン超の商用車では5千台の先行導入を目指す。

☑ 普及拡大に向けた課題

車種の拡充、設備コスト低減、充電インフラ整備、充電時間削減、次世代蓄電池や合成燃料（e-fuel）の技術確立など。

航空、船舶分野での脱炭素化の取り組み

航空

- 国際民間航空機関（ICAO）では燃料効率を毎年2%改善する目標を掲げている。
- 日本では、2030年時点で燃料10%を脱炭素燃料「SAF」に置き換えることを目指している。

船舶 

- 国際海事機関（IMO）では、低・脱炭素燃料を使用する船舶への切替や、2030年までに燃費効率を40%以上改善することを目標にしている。
- 水素やアンモニア燃料のゼロエミッション船の技術開発を行う。

CO_2排出量の多い自動車を中心に、航空・船舶の分野でも対策を講じることで、運輸部門全体のCO_2排出量削減を目指しています。

運輸部門

運輸部門の企業の具体的な取り組み

ここでは、自動車メーカーと航空会社の脱炭素化に向けた動きを紹介します。

トヨタとホンダの電気自動車への取り組み

››› トヨタ

トヨタはカーボンニュートラルに向けて、各国や地域の状況やニーズに応じた多様な選択肢を提供する方針をとっています。具体的には、BEV（100%電気で動く自動車)、HEV（ハイブリッド車)、PHEV（プラグインハイブリッド車)、FCEV（燃料電池車）など、さまざまな車種を展開する計画です。

2021年12月14日に行われたBEV戦略説明会では、2030年までにBEVの年間販売台数を350万台とし、同社のレクサスを2030年までに欧州、北米、中国で100%BEV化、2035年にはグローバルで100%BEV化する目標を発表しました。

さらに、トヨタは全固体電池（→P134）など次世代電池の開発にも力を注いでいます。これまでに1兆円近い投資を行い、累計1900万台以上の電池を生産してきましたが、2022年から2030年の9年間でさらに2兆円を電池に投資する計画です。

トヨタの電動化投資（研究開発・設備投資）
2022年～2030年（9年間）の投資額

BEV	**4兆円** （うち電池投資：**2**兆円）
HEV PHEV FCEV	**4兆円**
合計	**8兆円**

出典：トヨタ「バッテリーEV戦略に関する説明会（補足資料）」をもとに作成

日本を代表する企業として莫大な額の投資を行うトヨタから、今後どのような新車が発売されるのか楽しみですね。

›››ホンダ

ホンダはカーボンニュートラルに向けた電動化戦略の中で、EV（BEV）とFCEVに集中していく方針を打ち出しており、2040年までにEVとFCEVのグローバルでの販売比率を100%にする計画です。また2030年までに全世界でEVとFCEVを年間200万台超生産していくとしています。ホンダは、トヨタと同様に電動化に向けた動きを加速しているものの、EVとFCEVに絞っている点に大きな差異が見られます。今後は中国、北米、日本と地域ごとに異なる戦略で電動化を加速させていく方針です。

EV/FCEV販売比率目標

2030年

EV200万台

2035年

2040年

出典：ホンダ「2024ビジネスアップデート資料」（2024年5月）をもとに作成

ANAとJALによるSAFへの取り組み

›››ANA（全日空）

ANAグループでは、脱炭素社会の実現に向けた戦略の中核にSAF（Sustainable Aviation Fuel。持続可能な航空燃料）の活用を掲げています。2030年度までに消費燃料の10%以上をSAFに置き換え、2050年度までには70%に引き上げることを目指しています。さらに、ANAではDAC（Direct Air Capture。大気中のCO_2を直接回収する技術。→P162）などのネガティブエミッション技術（→P162）や、排出量取引（→P46）を活用して、2050年度のカーボンニュートラルを達成する計画です。

›››JAL（日本航空）

JALもANA同様に、2030年までに全燃料搭載量の10%をSAFに置き換える目標を掲げています。2017年11月にアメリカのシカゴ・オヘア国際空港から成田空港への国際線をはじめ、多数のフライトでSAFを搭載してきました。さらに2021年6月には、木くずや微細藻類を原料とした国産SAFを搭載したフライトに成功しています。

また、JALは、SAFによるCO_2排出量削減の環境価値を証書化するプログラムを実施し、企業に航空利用によるCO_2削減証書を販売しています。

産業部門

産業部門の課題と取り組み

産業部門の課題は熱源や燃料の脱炭素化です。また、工業プロセスの転換も重要です。

産業部門からの CO_2 排出量は全体の 4 割を占めており、最も多くなっています。CO_2 削減に向けた課題はなんでしょう？

熱源や燃料に使う化石資源を減らすことです。電化やバイオマス活用、水素やアンモニア燃料への切り替えが必要です。

特に鉄鋼、**化学**、セメント、**紙・パルプ**などの製造業からの排出が多いですね。

そうですね。重工業では省エネの取り組みで CO_2 排出量は減少していますが、化石資源の使用削減に加え、**工業プロセスの転換が必要**になる場合があります。

CO_2 の排出が避けられない場合、**CCUS や NETs** の活用を検討していく必要がありますね。

化学
発生した CO_2 をプラスチック原料などにリサイクルすることが重要。人工光合成などの革新的な技術開発が期待されている。

紙・パルプ
紙の乾燥には大量の熱エネルギーが必要なため、このプロセスの電化は困難とされている。

CCUSやNETs
CCUS は CO_2 を回収、貯留、有効利用する技術（→P161）、NETs は大気中の CO_2 を回収、吸収、貯留、固定化などにより除去するネガティブエミッション技術のこと（→ P162）。

熱源や燃料の脱炭素化で注目の技術

産業部門から排出されるCO_2を減らすために欠かせないのが熱源や燃料となっている化石資源の使用を減らすことです。そのために、電化、バイオマス活用、水素化・アンモニア化が進められています。電化の中ではヒートポンプに注目が集まっています。これは、大気中の熱を集めて空調や給湯に利用する技術で、下の図はその仕組みを簡潔にまとめたものです。

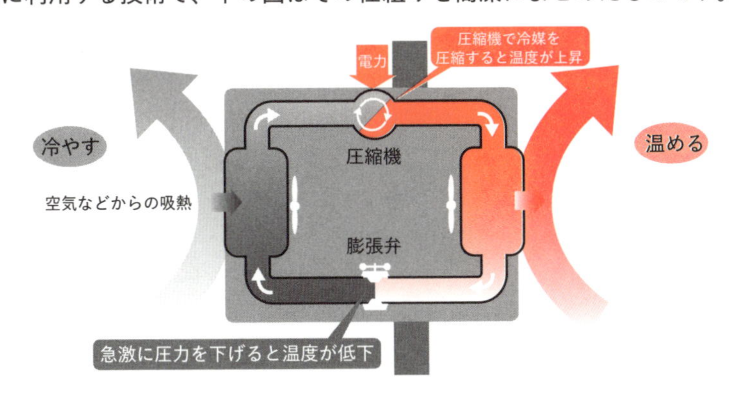

製造業の各分野における工業プロセスの転換

(1)鉄鋼

コークス（石炭）の代わりに水素を使用するプロセス（水素還元製鉄）への転換することで、CO_2を削減する。

(2)化学

ナフサなどの原料由来や熱エネルギー由来のCO_2排出量を減らし、カーボンリサイクル（→P160）を推進。

(3)セメント

原料の石灰石から発生するCO_2を回収し、再利用することで、排出量を削減する（→P154）。

(4)紙・パルプ

紙の乾燥に必要な熱エネルギー源を、化石燃料から廃材やバイオ燃料に切り替えつつ、植林などによりライフサイクルでのCO_2排出削減を進める。

産業部門では、省エネや再エネへの転換を進めるとともに、工業プロセスの転換を求められているのがポイントです。

産業部門

産業部門の企業の具体的な取り組み

鉄鋼や化学メーカーが開発を進める革新的な製造プロセスをご紹介します。

››› 高炉を用いた水素還元技術の開発

鉄鋼の製造では、コークス（石炭）を使用して鉄鉱石を還元する工程により大量の CO_2 が発生します。このため、脱炭素化を目指して世界各国で「水素還元製鉄（→ P153）」の研究が進められています。

日本では、日本製鉄や JFE スチール、神戸製鋼所といった主要な鉄鋼メーカーが連携し、政府のグリーンイノベーション（GI）基金（→ P26）を活用して、水素還元製鉄の製造プロセスの開発に取り組んでいます。その取り組みの１つに、製鉄所内で発生した水素や未利用の排熱を有効利用する製造プロセスの開発があります。具体的には、石炭からコークスを製造する過程で発生する水素を高炉に吹き込んで水素還元を行い、また未利用の排熱を CO_2 の分離回収に利用することで、30％以上の CO_2 削減を目指しています。

課題としては、実機サイズで長時間安定して稼働させることですが、2030 年までに商用の第１号機を稼働させることを目指しています。

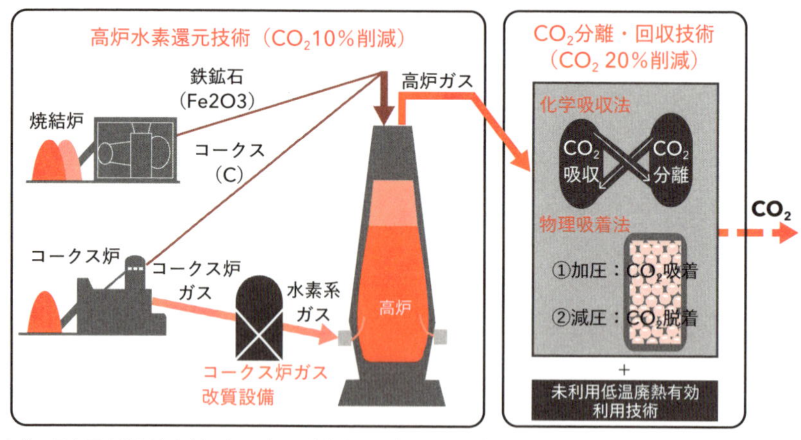

出典：国立研究開発法人 新エネルギー・産業技術総合開発機構「製鉄プロセスにおける水素活用（事業概要資料）」をもとに作成

››› CO_2からの機能性化学品製造技術の開発

日本の化学産業では、排出される CO_2 の約半分が石油製品の１つであるナフサから「基礎化学品」（エチレン、プロピレンなどのプラスチックの原料等）を製造する過程で発生しています。化学産業の脱炭素化を進めるためには、この CO_2 をカーボンリサイクルすることが重要です。

GI 基金によるプロジェクトでは、排出される CO_2 を利用して、車のシートなどに使われるポリウレタンや建材などに用いられるポリカーボネートといった機能性化学品を製造する技術開発が進められています。実用化に向け、低コスト化や量産技術の確立を目指している状況です。

他にも CO_2 をアルコール類に変換して基礎化学品を製造する技術など、本プロジェクトではプラスチック原料の製造に関するカーボンリサイクル技術の開発が進められています。

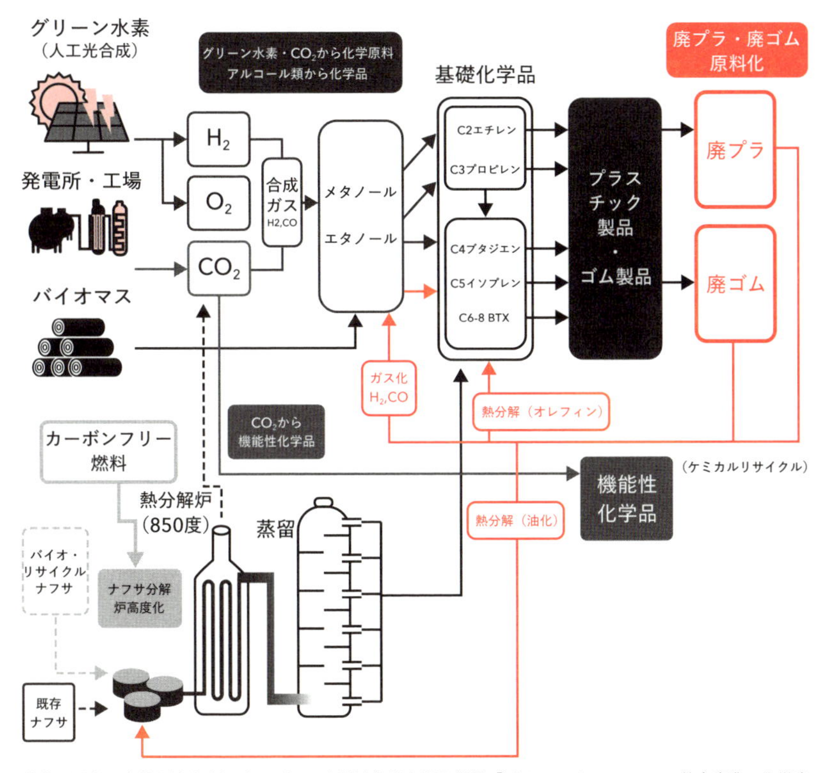

出典：国立研究開発法人 新エネルギー・産業技術総合開発機構「グリーンイノベーション基金事業で化学産業の脱炭素化へ　石油を原料・燃料に使わない方法で、プラスチック原料を持続可能に」をもとに作成

民生部門

民生部門の課題と取り組み

民生部門では電力消費による CO_2 排出が多く、省エネが課題になっています。

企業や家庭などの**民生部門**から排出される CO_2 の約7割は電力消費によるものですね。

そうですね。照明、冷暖房、給湯などに多くの電気が使われています。

この部門は私たち全員に関係しますね。CO_2 削減のためにはどのような課題があるのでしょうか？

省エネ性能の向上が重要です。特に、**ZEBやZEH**といったエネルギー消費量が実質ゼロ以下となるビルや住宅を普及させることが必要です。

なるほど。ほかにも、**エコキュートやエネファーム**などの**高効率な給湯器**や**断熱性の高い窓**を設置することで、省エネ性能を上げることができますね。

そうですね。また、太陽光発電などの**再エネと蓄電池**を組み合わせることも効果的です。政府の補助制度をうまく活用することも重要ですね。

民生部門
卸売業・小売業、宿泊業・飲食サービス業、医療福祉など第三次産業に属する業種と、家庭部門のこと。

ZEBやZEH
ZEB（ゼブ）とはNet Zero Energy Buildingの略で、ZEH（ゼッチ）とはNet Zero Energy Houseのこと。どちらも省エネと再エネによりエネルギー消費量が正味ゼロとなる建物のことだが、ZEBはビルや工場などの業務用施設、ZEHは一般住宅を指す。

エコキュートやエネファーム
エコキュートは電気を使用したヒートポンプ給湯器、エネファームはガスを使用して発電と湯沸かしができる家庭用燃料電池のこと。

ビルや住宅などの省エネ性能の向上が課題

民生部門のCO_2排出は私たちの暮らしに欠かせない照明や冷暖房といった電力消費によるものが占めています。そのため、排出されるCO_2を削減するためには断熱窓や断熱材などを活用し、建物の省エネ性能を向上することが重要になります。

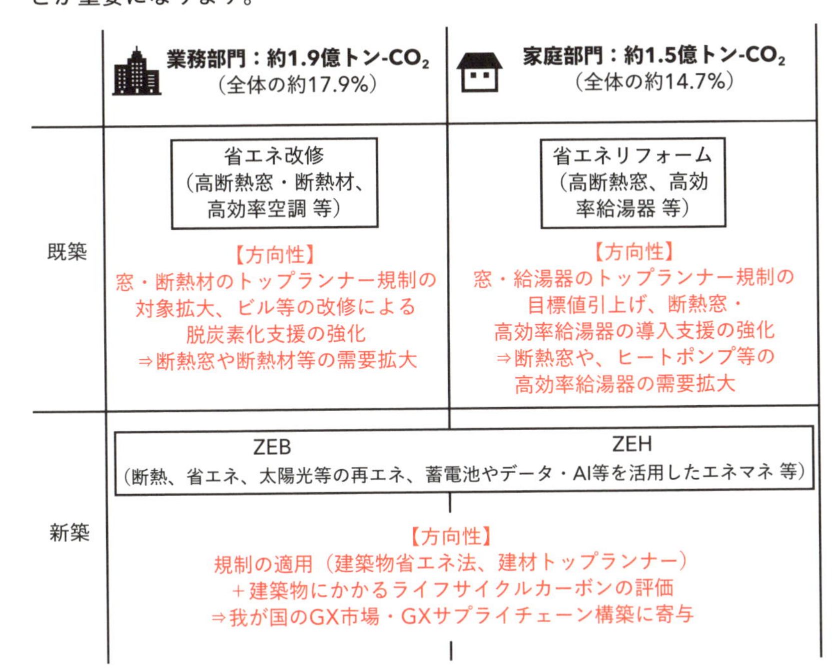

	業務部門：約1.9億トン-CO_2 （全体の約17.9%）	家庭部門：約1.5億トン-CO_2 （全体の約14.7%）
既築	省エネ改修 （高断熱窓・断熱材、高効率空調 等） 【方向性】 窓・断熱材のトップランナー規制の対象拡大、ビル等の改修による脱炭素化支援の強化 ⇒断熱窓や断熱材等の需要拡大	省エネリフォーム （高断熱窓、高効率給湯器 等） 【方向性】 窓・給湯器のトップランナー規制の目標値引上げ、断熱窓・高効率給湯器の導入支援の強化 ⇒断熱窓や、ヒートポンプ等の高効率給湯器の需要拡大
新築	ZEB	ZEH
	（断熱、省エネ、太陽光等の再エネ、蓄電池やデータ・AI等を活用したエネマネ 等） 【方向性】 規制の適用（建築物省エネ法、建材トップランナー） ＋建築物にかかるライフサイクルカーボンの評価 ⇒我が国のGX市場・GXサプライチェーン構築に寄与	

出典：内閣官房「GX分野別投資戦略　参考資料（くらし）」をもとに作成

ZEBに対する政府の支援制度について

建築物のZEB化に向けて、政府政府は支援を行っています。詳しくは下記のホームページから見ることができます。

環境省「ZEB PORTAL」（支援制度）
https://www.env.go.jp/earth/zeb/hojo/?id=moe

私たち一人一人が生活の中で、無駄な電気を使わないように心がけることも大切です。こまめに電気を消したり、使わないコンセントを抜いたりするなどの省エネ行動が脱炭素につながります。

脱炭素経営とは？

社会と時代に求められる脱炭素経営とは？

脱炭素化を経営上の重要課題と考え、脱炭素経営に取り組む企業が増えています。

2050年のカーボンニュートラル達成に向けて、社会は脱炭素社会へ移行しています。企業の経営にはどのようなことが求められるのでしょうか？

従来の**CSR**活動として脱炭素化に取り組むのではなく、**自社の経営上の重要課題と捉えた「脱炭素経営」**が求められます。大企業を中心に、全社を挙げて脱炭素経営に取り組む企業が増えています。

脱炭素経営といっても、何から始めていいかわからない企業もあるのではないでしょうか。

まずは、自社を取り巻く環境の変化を知るために情報収集をすることが重要です。顧客や取引先、金融機関、行政などの動向を把握し、その上で自社の方針を検討して、**温室効果ガス排出量削減に向けた対策**を実行していくことが基本です。

環境省のハンドブックなどを参考にしながら進めるといいですね。

CSR
「企業の社会的責任」のこと。企業が社会や環境と共存し、持続可能な成長を図るため、その活動の影響について責任をとる企業行動（→ P30）。

温室効果ガス排出量削減に向けた対策
削減対策を実行するにあたっては、自社の温室効果ガス排出量を算定する必要がある。環境省や民間サイトに算定ツールが公開されている。

脱炭素経営とは？

脱炭素経営とは、気候変動対策（脱炭素）の視点を織り込んだ企業経営のこと。経営上の重要課題として捉え、全社を挙げて取り組む動きが広まっています。

従来

- 気候変動対策＝コスト増加
- 気候変動対策＝環境・CSR担当が、CSR活動の一環として行うもの

脱炭素経営

- **気候変動対策＝単なるコスト増加ではなく、リスク低減と成長のチャンス（未来への投資）**
- **気候変動対策＝経営上の重要課題として、全社を挙げて取り組むもの**

出典：環境省「中小企業における脱炭素経営」をもとに作成

脱炭素経営に向けた3つのステップ

脱炭素経営をしたくても何から始めていいかわからないという場合は、下図のとおり、段階を踏んで脱炭素経営を始めましょう。

①知る	②測る	③減らす
 **情報の収集** ☑2050年カーボンニュートラルに向けた潮流を自分事で捉えましょう。	 **CO_2排出量の算定** ☑自社のCO_2排出量を算定することで、カーボンニュートラルに向けた取り組みの理解を深めましょう。	 **削減計画の策定** ☑自社のCO_2排出源の特徴を踏まえ、削減対策を検討し、実施計画を策定しましょう。
 **方針の検討** ☑現状の経営方針や経営理念を踏まえ、脱炭素経営で目指す方向性を検討してみましょう。	 **削減ターゲットの特定** ☑自社の主要な排出源となる事業活動やその設備等を把握することで、どこから削減に取り組むべきかあたりを付けてみましょう。	 **削減対策の実行** ☑社外の支援も受けながら、削減対策を実行しましょう。また定期的な見直しにより、CO_2排出量削減に向けた取組のレベルアップを図りましょう。

出典：環境省「中小規模事業者向けの脱炭素経営導入ハンドブック」を参考に作成

環境省では企業の脱炭素化に役立つさまざまな情報を発信しています。

- 環境省「グリーン・バリューチェーン・プラットフォーム」
https://www.env.go.jp/earth/ondanka/supply_chain/gvc/index.html

スコープ123

GHG排出量の国際ルール「GHGプロトコル」とは?

自社から排出する温室効果ガス(GHG)だけでなく、サプライチェーン全体を把握することが重要です

日本の企業は、以前から**温対法**に基づき、自社の温室効果ガス排出量を把握していますね。

そうですね。ただ、国際的な基準である**GHGプロトコル**では、自社だけでなく**サプライチェーン(SC)全体の排出量を把握**することが求められます。GHGプロトコルでは、自社の排出をスコープ1と2、それ以外の上流と下流の排出をスコープ3と定義し、それぞれの排出量を算定します。

企業にとってSC全体の排出量を把握するメリットは何でしょうか?

排出量の多い箇所が明らかになり、対策がしやすくなります。また、SC上の他企業による排出削減も自社の削減とみなされるため、企業間で連携することが可能です。さらに国際基準に従うことで**ESG投融資**を呼び込むことも期待できます。

国で算定方法のガイドラインを作成しているようなので、ぜひ参考にしてほしいですね。

温対法
地球温暖化対策の推進に関する法律。平成18年4月から、温室効果ガスを多量に排出する者は、排出量の算定と国への報告が義務付けられている。

GHGプロトコル
温室効果ガス排出量を算定・報告するために定められた国際的な基準。アメリカのWRIやWBCSDが中心となり、企業、NGO、政府機関などによって作成された。

ESG投融資
環境(Environment)・社会(Social)・ガバナンス(Governance)の非財務情報であるESGの要素を考慮する投融資のこと。

GHGプロトコルによるSC全体の排出量の把握

GHGプロトコルは一企業だけでなく、SC全体で温室効果ガスの排出を把握し、減らそうという新しい国際ルールです。下図はその仕組みを表したもので、自社を中心に3つのスコープ（範囲）に分けて考えます。

出典：経済産業省 関東経済産業局「カーボンニュートラルと地域企業の対応〈事業環境の変化と取組の方向性〉」（2024.5.31）をもとに作成

スコープ1： 事業者が燃料の燃焼や工業プロセスなどによって直接排出した温室効果ガス。

スコープ2： 他社から供給された電気、熱・蒸気の使用に伴い、自社が間接排出した温室効果ガス。

スコープ3： スコープ1、スコープ2以外の間接排出（事業者の活動に関連する他社の排出）、15のカテゴリに分類される。

国際的な枠組み

脱炭素に向け加速する目標設定の動き

温室効果ガスの削減にあたっては、国際的な枠組みに沿った目標設定をすることが重要です

自社やサプライチェーンの温室効果ガスの削減にあたっては、国際的な枠組みである「**SBT**」に従って目標設定することが重要です。

具体的にはどういうものですか？

SBTとは、**パリ協定の目標**と整合がとれる形で、**短期と長期の目標設定**を求めるものです。要件を満たせばSBT認定を受け、**脱炭素経営に取り組む企業として企業価値の向上**が期待できます。

ステークホルダーに対してアピールできますね。

そうですね。また、事業運営を100%再エネで調達することを目標に設定する「**RE100**」という国際的な枠組みもあります。日本でも多くの企業がSBTやRE100に参加しています。

参加企業の社内では、脱炭素に取り組もうとする意識が高まりそうですね。

SBT
Science Based Targetsの略称で企業による温室効果ガスの削減目標。国際NGO（CDP、WRI、Global Compact、WWF）が運営。

パリ協定の目標
「気温上昇を産業革命以前に比べて2度より十分低く保つとともに、1.5度に抑える努力をする」という目標。

RE100
Renewable Energy 100%の略称。事業活動で消費するエネルギーを100%再エネで調達することを目標とする国際的な取り組み。国際NGO（The Climate Group、CDP）が運営している。

SBTの概要

SBTの目標には「短期（Near Term）」と「長期（Long Term（Net Zero Standard））」があります。短期目標では、スコープ1から3の排出量に対し、年4.2%の削減を目安として申請時から5〜10年先の目標を設定します（スコープ3がスコープ1〜3の合計の40%を超えない場合はスコープ3の目標は不要）。一方、長期目標は、スコープ1から3の排出量に対し、2050年までに90%を削減し、削減し切れない排出量は炭素除去を行い正味ゼロにすることが求められます。また、これらとは別に、中小企業向けのSBTも存在します。

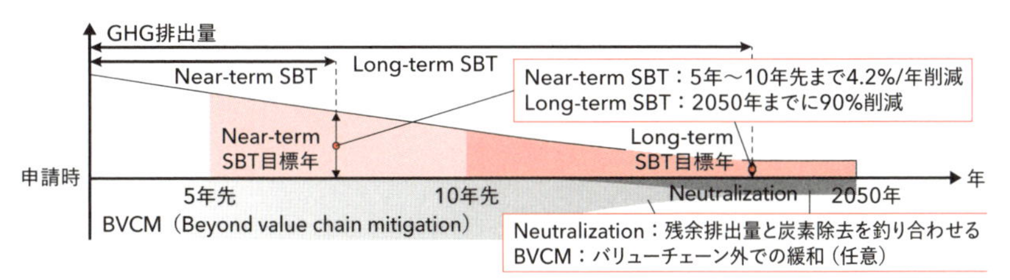

出典：環境省「SBT（Science Based Targets）について」をもとに作成

RE100の概要

POINT①
事業を100%再生可能エネルギーの電力でまかなうことを目標に設定するもの。

POINT②
対象企業はグローバルまたは国内で認知度・信頼度が高い企業、電力消費量が大きい企業が中心。

POINT③
遅くとも2050年までに100%再エネ化を達成すること等が必要。

POINT④
日本ではRE100の参加要件を満たさない団体を対象に、日本独自の制度として「再エネ100宣言 RE Action」が発足した。

あわせて覚えたい！関連用語

■TCFD（気候関連財務情報開示タスクフォース）
気候変動に対応した経営戦略の情報開示を行う国際的な枠組み。

■LCA（ライフサイクルアセスメント）
製品・サービスの提供工程の各プロセスにおける環境負荷を定量的に評価するもの。

■CFP（カーボンフットプリント）
製品・サービスの原材料調達から廃棄・リサイクルに至るまでのライフサイクル全体を通して排出される温室効果ガス排出量を評価するもの。

今後の行方

地域へ波及するカーボンニュートラルの波

脱炭素経営は中小企業にも求められつつあります。時代の波に乗り遅れないように先行した取り組みが重要です。

サプライチェーン全体で脱炭素化に取り組む動きが国内外で活発化しています。

大手企業などではサプライヤーに対して脱炭素化を要請することも増えていくのでしょうか？

はい。すでにアメリカの**Apple**では、サプライヤーに対し、**スコープ1と2**の排出削減を要請しています。この動きは今後も拡大し、**地域経済にも波及するでしょう。**

中小企業などの地域企業にも脱炭素経営が求められてくるのですね。

そうですね。現在、多くの中小企業は脱炭素化の重要性は理解しつつも、具体的な方策を検討する段階に至っていない状況です。**取り組みを先行することで得られるメリットも多いので、早めに動き出すことが重要**です。

脱炭素経営により企業価値を高め、地域産業の発展にもつながるといいですね。

Apple
Apple は、サプライヤーが Apple 製品の製造時に使用する電力を2030年までに100%再エネにすることを目標に設定。サプライヤーに排出削減に向けた進捗状況の報告を求めている。

スコープ1と2
スコープ1とは事業者自らによる温室効果ガスの直接排出。スコープ2は他社から供給された電気、熱・蒸気の使用に伴う間接排出のこと（→ P201）。

地域企業に求められる変化

カーボンニュートラルの実現に向けた波が大きくなる中、地域経済や地域企業にも変化が求められています。その流れは今後ますます強まりそうです。

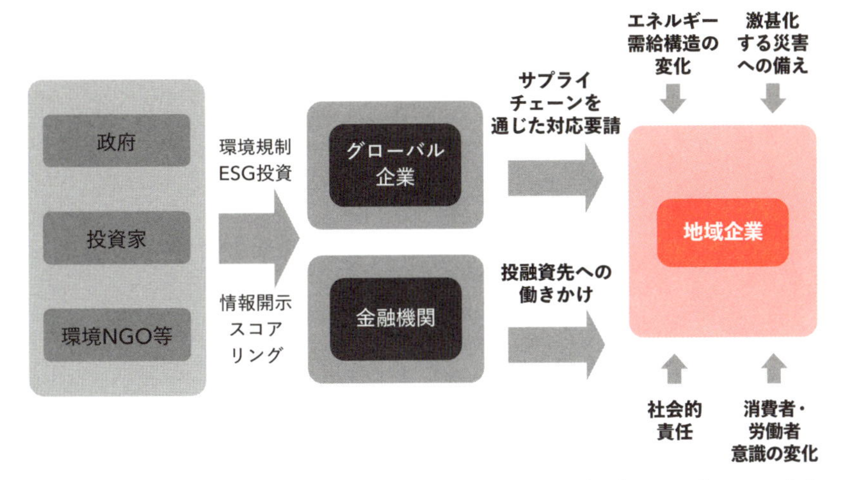

出典：経済産業省 関東経済産業局「カーボンニュートラルと地域企業の対応」（2024.5.31）をもとに作成

先行して脱炭素経営に取り組む４つのメリット

（1）生産性向上
省エネによるコスト削減。CO_2排出量や電気使用量を把握し、無駄を削減できる。

（2）収益力向上
脱炭素需要を取り込んだ新事業創出や事業拡大。環境価値を付加価値に反映できる。

（3）企業競争力向上
社会や顧客から選択され、取引先からの要請にも対応できる。

（4）企業価値向上
人材獲得やブランディング強化につながる。消費者にも新たな価値を提供できる。

※参考：経済産業省 関東経済産業局「カーボンニュートラル時代の企業経営 －事業環境の変化と求められる対応－」
https://www.kanto.meti.go.jp/seisaku/ene_koho/ondanka/kanto_cn.html#cn_jirei

変化に対応することでビジネスチャンスが生まれ、企業価値の向上によって人材の確保や新規顧客の獲得につながることが期待されています。

索 引

アルファベット

あ

か

さ

監修者　夫馬賢治（ふま けんじ）

株式会社ニューラルCEO。信州大学グリーン社会協創機構特任教授。上場企業の社外取締役やアドバイザーを多数務める。環境省、農林水産省、厚生労働省、経済産業省、スポーツ庁のESG分野委員を歴任。ニュースサイト「Sustainable Japan」編集長。テレビ、ラジオ、新聞、ウェブメディア等で解説を担当。ハーバード大学大学院リベラルアーツ（サステナビリティ専攻）修士。サンダーバードグローバル経営大学院MBA。東京大学教養学部（国際関係論専攻）卒。主な著書に『データでわかる 2030年 雇用の未来』（日経プレミアムシリーズ）、『ネイチャー資本主義』（PHP新書）、『超入門カーボンニュートラル』、『ESG思考』（講談社＋α新書）などがある。

著　者　和地慎太郎（わち しんたろう）

大手製造業、地方公務員の化学技術職を経て、フリーライターへ転身。製造業での技術者としての経験や、行政での廃棄物処理などの環境分野の実務経験を活かし、専門分野を一般の方にわかるような文章を書くことを得意にしている。ビジネス系のwebメディアで記事連載の他、環境分野や製造業関連のテーマで多数執筆を行う。

STAFF
カバーデザイン／喜來詩織（エントツ）
本文デザイン・DTP／マーリンクレイン
本文イラスト／ヤマサキミノリ

ビジネス教養として知っておくべきカーボンニュートラル

2024年10月２日　第1刷発行

監修者　夫馬賢治
著　者　和地慎太郎
発行人　片柳秀夫
編集人　平松裕子
発行　ソシム株式会社
https://www.socym.co.jp/
〒101-0064　東京都千代田区神田猿楽町1-5-15 猿楽町ＳＳビル
TEL：(03) 5217-2400（代表）
FAX：(03) 5217-2420
印刷・製本　株式会社暁印刷

定価はカバーに表示してあります。
落丁・乱丁本は弊社編集部までお送りください。送料弊社負担にてお取替えいたします。
ISBN978-4-8026-1485-6